Bibliografische Information der Deutschen Nationalbibliothek

Die Deutsche Nationalbibliothek verzeichnet diese Publikation in der Deutschen Nationalbibliografie; detailierte bibliografische Daten sind im Internet über http://dnb.d-nb.de abrufbar.

Impressum

Herstellung und Verlag: Books on Demand GmbH, Norderstedt
ISBN 978-3-8391-2671-4

Inhaltsverzeichnis

Abbildungsverzeichnis

1. Einführung

1.1 Problemstellung

In den neunziger Jahren wurde durch die Studie „The Machine that changed the World" des Massachusetts Institute of Technology (MIT) das Toyota Produktionssystem in den westlichen Industrieländern bekannt. Durch das im Wesentlichen auf dem japanischen Managementprinzip „Kaizen" beruhende Produktionssystem konnte Toyota einen enormen Produktivitätsvorsprung erzielen. In den Folgejahren war „Lean Management" und das Toyota Produktionssystem in aller Munde und die Kaizen-Idee wurde mit sehenswerten Erfolgen in der Produktion umgesetzt.[1] So wurden Produktionsbereiche immer effizienter und schlanker gestaltet.

Allerdings stoßen die Verbesserungsmöglichkeiten, die Unternehmen in der Produktion erzielen können, bald an ihre Grenzen, was zu einem Großteil auf die Ineffizienz der Verwaltungsbereiche zurückzuführen ist. So entstehen heute 70 % aller Kundenreklamationen im administrativen Bereich, z. B. durch falsche oder verspätete Lieferungen oder eine mangelhafte Kundenberatung.[2] Lange Durchlauf- und Wartezeiten führen zu einer mangelhaften Kundenzufriedenheit. So wird ein nicht unerheblicher Teil des Nutzens, der durch eine schlanke Produktion erzielt wird, durch langsame und kostenintensive Verwaltungsprozesse wieder neutralisiert.

Durch den zunehmenden Kostendruck durch Niedriglohnländer verlagern heute immer mehr Unternehmen ihre Produktion ins Ausland. Schon heute arbeiten mehr als 72 % der Erwerbstätigen in Deutschland in der Dienstleistungsbranche[3] und auch in produzierenden Unternehmen ist aufgrund der immer effizienter werdenden Produktionsprozesse nur ein geringer Anteil der Arbeitnehmer[4] direkt in der Fertigung beschäftigt. Daher ist es unerlässlich, dass Unternehmen auch Büro und Service effizienter gestalten, um in Zukunft noch konkurrenzfähig zu bleiben.

Deutschland als Hochlohnstandort kann nur durch Innovationen und Know-how-Fortschritt international wettbewerbsfähig bleiben. Daher kommt heute der Verarbeitung von komplexen Informationen eine große Bedeutung zu. Somit ist das Büro zunehmend als Ort der Informations- und Wissensverarbeitung anzusehen.[5]

1 Vgl. Schneider (2006), S. 11
2 Vgl. Heinzmann/Teuber (2007)
3 Vgl. Statistisches Bundesamt Deutschland (2008)
4 Aus Gründen der Lesbarkeit wurde in der gesamten Arbeit auf geschlechtsneutrale Formulierungen verzichtet. Die verwendeten maskulinen Formen sind jedoch ausdrücklich für beide Geschlechter zu verstehen.
5 Zinser (2002)

Das folgende Zitat von Peter Drucker aus dem Jahre 1968 hat nicht an Aktualität verloren:

> *„Wissensarbeit produktiv zu machen ist die große Managementaufgabe dieses Jahrhunderts, so wie es die große Aufgabe des vergangenen Jahrhunderts war, manuelle Arbeit produktiv zu machen.“*[6]

Dieses Ziel ist in den meisten Unternehmen heute noch nicht erreicht: Mitarbeiter verschwenden durchschnittlich ein Drittel der Arbeitszeit mit nicht wertschöpfenden Tätigkeiten, wie z.B. dem Suchen von Unterlagen oder Informationen.[7] So werden sie durch schlecht organisierte Prozesse daran gehindert, sich der eigentlich wertschöpfenden Arbeit, die einen Mehrwert sowohl für den Kunden als auch für das Unternehmen schafft, zu widmen. Unternehmen müssen daher nach erfolgreichen Effizienzsteigerungen in der Produktion auch administrative Prozesse optimieren, damit die heute knappen Ressourcen in Form von Fachwissen und Managementfähigkeit optimal eingesetzt werden können.

1.2 Zielsetzung und inhaltlicher Aufbau

Ziel dieser Arbeit ist es, zu untersuchen, inwiefern das japanische Managementkonzept des Kaizen, das bisher so erfolgreich in der Produktion umgesetzt wurde, auch in administrativen Bereichen anwendbar ist und so zu schlankeren und effizienteren Prozessen beitragen kann.

Zu Beginn werden in Kapitel 2 die grundlegenden Prinzipien von Kaizen dargestellt, die als Basis für die weiteren Ausführungen dienen. Anschließend wird in Kapitel 3 untersucht, welche besonderen Eigenschaften administrative Bereiche besitzen und darauf aufbauend die Frage beantwortet, wieso Unternehmen es bisher weitestgehend versäumt haben, diese Bereiche effizienter zu gestalten. Es folgt eine ausführliche Darstellung des Verbesserungspotenzials administrativer Bereiche.

Die aufgezeigten Probleme dienen als Ansatzpunkt für die in Kapitel 4 dargestellten Methoden des Kaizen, mit denen Verbesserungen in administrativen Bereichen erzielt werden können. Es wird dargestellt, wie es möglich ist, Methoden, die bisher nur in der Produktion Anwendung gefunden haben, auch auf Verwaltungsbereiche zu übertragen. Dabei werden sowohl Vorteile als auch kritische Aspekte der vorgestellten Methoden betrachtet.

---

6 Davenport (2005)

7 Vgl. Schneider (2006), S. 26

Kapitel 5 widmet sich der konkreten Implementierung von Kaizen im Unternehmen. Es wird die Frage behandelt, wie am besten mit den zu erwartenden Widerständen der Mitarbeiter umgegangen werden soll und wie das Führungsverhalten der Unternehmensleitung aussehen muss. Im Anschluss wird exemplarisch ein vom KAIZEN Institute empfohlenes mehrstufiges Modell zur Implementierung vorgestellt, das als Leitfaden für Unternehmen dienen kann.

Abschließend werden in Kapitel 6 die wesentlichen Ergebnisse zusammengefasst.

2. Grundlagen des Kaizen

2.1 Grundannahmen und Ziele

Kaizen ist ein Managementkonzept japanischen Ursprungs, dessen Grundprinzip die kontinuierliche Verbesserung in allen Bereichen des Unternehmens unter Einbeziehung von Führungskräften und Mitarbeitern ist.[8] Die Idee des Kaizen entspringt dem japanischen Zen-Buddhismus, in dem das Streben nach Vervollkommnung eine große Rolle spielt.[9] Somit ist Kaizen eine Grundlebenseinstellung der japanischen Kultur.

„Kai" bedeutet „Veränderung" und „Zen" steht für „zum Besseren". Diese eigentliche Bedeutung des Wortes Kaizen verdeutlicht, dass ein existierender Zustand immer wieder in Frage gestellt werden soll, da es immer eine Möglichkeit gibt, ihn zu verbessern. Es darf nie ein Zustand der Selbstzufriedenheit herrschen[10] und kein Tag vergehen, ohne dass eine Veränderung im Unternehmen vorgenommen wurde.

Hinter allen erfolgreichen japanischen Managementkonzepten verbirgt sich im Grunde genommen Kaizen als wesentliche Grundidee. So baut z.B. das Toyota Produktionssystem auf Kaizen als Grundprinzip auf, das durch verschiedene Methoden konkret umgesetzt wird. Kaizen spannt sich wie ein Schirm über viele eigenständige Managementkonzepte mit zum Teil unterschiedlichen Zielsetzungen und versucht, alle Methoden in einen Gesamtzusammenhang mit dem Ziel der Unternehmensverbesserung zu bringen[11].

---

8 Vgl. Imai (1993), S. 15
9 Vgl. Teufel (2003), S. 504
10 Vgl. Teufel (2003), S. 504
11 Vgl. Imai (1993), S. 25

Abbildung 1: Der Kaizen-Schirm[12]

Das globale Unternehmensziel von Kaizen ist die Erhöhung der Kundenzufriedenheit durch kontinuierliche Verbesserung. Daraus leiten sich die Subziele Qualitätsverbesserung, Kostenreduzierung und Verbesserung der Liefertreue ab[13]:

- **Qualität** bezieht sich nicht nur auf das Endprodukt, sondern auch auf sämtliche Prozesse, die zur Erstellung der Produkte oder Dienstleistungen notwendig sind.
- **Kosten** müssen ständig reduziert werden, um heute in einem durch starken Wettbewerb und gesättigte Märkte gekennzeichneten Umfeld wettbewerbsfähig zu bleiben.[14]
- **Liefertreue** bedeutet die Einhaltung der Kundenanforderungen bezüglich sowohl des Zeitpunktes als auch der Menge. Schnelligkeit und Zeiteffizienz sind daher sehr wichtige Aspekte.

2.2 Die vier Grundprinzipien von Kaizen

2.2.1 Prozessorientierung

Prozessorientierung ist ein grundlegendes Element von Kaizen und steht im starken Kontrast zum ergebnisorientierten Denken, das oft in westlichen Unternehmen vorherrscht.[15] Ergebnisorientierung betrachtet alle Bereiche isoliert voneinander und legt Kennzahlen für Ergebnisse fest. Diese lassen jedoch keinen Rückschluss

12 Vgl. Imai (1993), S. 25
13 Vgl. Imai (1997), S. 11
14 Vgl. Ohno (1993), S. 35
15 Vgl. Imai (1993), S. 39 ff.

auf die Qualität der Prozesse zu, und eine Analyse der Ergebnisse ermöglicht nur bereichsorientierte Problemlösungen. Es wird versucht, Fehler schnell zu beheben, um eine Ergebnisverbesserung zu bewirken. Dies führt allerdings nur zu einem erhöhten nachträglichen Qualitätsaufwand.

Das Ziel der Prozessorientierung ist dagegen eine präventive Fehlervermeidung. Man geht davon aus, dass eine Optimierung der Prozesse automatisch zu einer langfristigen Ergebnisverbesserung führt.[16] Es werden nicht nur einzelne Abteilungen oder Bereiche isoliert betrachtet, sondern es wird versucht, ganzheitlich zu denken und Prozesse abteilungsübergreifend gemeinsam zu verbessern. Der Wert aus Sicht des Kunden steht im Mittelpunkt der Betrachtung und es wird berücksichtigt, dass sich Geschäftsprozesse über Abteilungen und Funktionen hinweg erstrecken und so dem Fluss der Wertschöpfung folgen. Durch eine Reduzierung von Schnittstellen und eine horizontale, abteilungsübergreifende Zusammenarbeit entstehen Synergien und es kann flexibler auf Kundenwünsche reagiert werden. Eine hohe Flexibilität wird außerdem durch kurze Entscheidungs- und Kommunikationswege gewährleistet.[17] Prozessorientierung bedeutet also, Arbeitsprozesse, die zu einem Ergebnis führen, zu analysieren, nicht das Ergebnis selbst.[18]

Im Kaizen spielt zur Kontrolle erreichter Verbesserungen die Analyse von Kennzahlen eine wichtige Rolle. Dabei sollten hauptsächlich prozessorientierte Kennzahlen wie die Durchlaufzeit oder Wartezeiten verwendet werden. Allerdings ermöglicht eine ergebnis- oder zielorientierte Denkweise eine höhere Flexibilität bei der Erreichung von Zielen, was Ideen und Innovationen fördert.[19] Es sollte also versucht werden, prozessorientierte Kriterien mit einigen zielorientierten zu ergänzen.

2.2.2 Kundenorientierung

Kundenorientierung als wichtiges Prinzip von Kaizen bezieht sich nicht nur auf das kontinuierliche Streben nach der Zufriedenheit des externen Kunden, sondern wird noch durch den Begriff des internen Kunden erweitert.[20]

Es wird oft die Meinung vertreten, dass nur die Mitarbeiter, die in direktem Kontakt zum externen Kunden stehen, zur Kundenzufriedenheit beitragen. Kaizen geht jedoch davon aus, dass alle Prozesse eines Unternehmens letztendlich zur

16 Vgl. Dickmann (2007), S. 64 ff.
17 Vgl. Schmelzer/Sesselmann (2003), S. 48
18 Vlg. Imai (1993), S. 70
19 Vgl. Imai, (1993), S. 40
20 Vgl. Gábor Sebestyén (1994), S. 20

Kundenzufriedenheit beitragen. So wird nicht nur der Endkonsument, sondern jeder nachgelagerte innerbetriebliche Prozess als Kunde bezeichnet. Im Rahmen dieser internen Kunden-Lieferanten-Beziehung verpflichtet sich jeder Mitarbeiter dazu, dem nachgelagerten Aufgabenträger eine entsprechend seiner Anforderungen qualitäts-, mengen- und termingerechte Lieferung zu leisten. So sollte z. B. die Fertigung, die eine der Entwicklung nachgelagerte Schnittstelle im Gesamtprozess darstellt, von letzterer eine fertigungsgerechte Konstruktion erwarten.[21] Eine Lieferung, die nicht den Anforderungen entspricht, muss vom internen Kunden zurückgewiesen werden.

Mitarbeiter sollen ein erhöhtes Verantwortungsbewusstsein für ihre Tätigkeit entwickeln und sich selbst als Unternehmer im Unternehmen sehen. Das Prinzip der internen Kundenorientierung ergänzt das Prinzip der Prozessorientierung, da abteilungsübergreifend versucht wird, den Kundennutzen zu erhöhen.[22]

2.2.3 Problemorientierung

Ein weiteres wichtiges Element von Kaizen ist die Einstellung, Probleme als „Schätze" zu betrachten.[23] Nur durch die Entdeckung von Problemen können Verbesserungspotenziale ausgeschöpft und Kosten eingespart werden. Folglich muss die Unternehmenskultur dahingehend geändert werden, dass Probleme nicht mehr als Zeichen von Schwäche und Versagen angesehen werden, sondern offen kommuniziert werden können, ohne dass jemand beschuldigt wird.[24]

Des Weiteren ist es unabdingbar, die wahren Ursachen für Probleme zu entdecken, um eine nachhaltige Problemlösung zu garantieren. Oft werden lediglich Symptome behoben, was zu hohen, wiederkehrenden Kosten führt.[25] Außerdem ist es wichtig, Probleme sofort zu lösen und dies nicht auf einen späteren Zeitpunkt zu verschieben.[26] Es ist besser, eine sofortige Übergangslösung zu finden, als lange nach der perfekten Lösung zu suchen.

21 Vgl. Teufel (2003), S. 506
22 Vgl. Teufel (2003), S. 506
23 Vgl. Bartholomay (2007), S. 18
24 Vgl. Teufel (2003), S. 504
25 Vgl. Dickmann (2007), S. 70
26 Vgl. Liker/Meier (2006), S. 10

2.2.4 Mitarbeiterorientierung

Kaizen lebt von der Einbeziehung sämtlicher Mitarbeiter in den kontinuierlichen Verbesserungsprozess. Als prozessorientierte Managementmethode ist Kaizen bottom-up-orientiert, d. h. Mitarbeiter werden dazu animiert, sich aktiv einzubringen.[27] Es wird davon ausgegangen, dass die Mitarbeiter Spezialisten für ihr Aufgabengebiet sind und somit wissen, wo für eine Optimierung angesetzt werden könnte. Dies bedeutet, dass sich ein Unternehmenswandel dahingehend vollziehen muss, dass eine Übertragung von Aufgaben auf die operative Ebene vorgenommen wird und sich somit das traditionelle Rollenverständnis zwischen Mitarbeitern und Vorgesetzten ändert. Mitarbeiter sind Spezialisten in ihrem Bereich und sollten daher auch mit möglichst hoher Kompetenz ausgestattet sein, um Probleme direkt vor Ort schnell beheben zu können. Es wird ein hohes Maß an Eigeninitiative von den Mitarbeitern gefordert.[28] Dies impliziert auch einen erhöhten Qualifikationsbedarf, da Mitarbeiter das nötige Bewusstsein und Know-how benötigen, um eigenständig Probleme zu lösen. Das Management muss daher die Mitarbeiter durch das Angebot von Trainingsmaßnahmen unterstützen und sie ständig zu eigenverantwortlichem Handeln ermutigen.[29]

Zur Einbeziehung aller Mitarbeiter im Unternehmen sieht Kaizen drei Ebenen vor, welche die unterschiedlichen Aufgaben der Mitarbeiter je nach Position im Verbesserungsprozess berücksichtigen: Managementorientiertes, gruppenorientiertes und personenorientiertes Kaizen[30]:

- Managementorientiertes Kaizen bedeutet, dass Führungskräfte aufgrund ihres hohen professionellen und technischen Wissens die kontinuierliche Verbesserung in Bezug auf komplexe Fragestellungen, die das ganze System sowie die strategische Ausrichtung betreffen, vorantreiben.
- Bei gruppenorientiertem Kaizen stehen Arbeitsverfahren oder spezifische Problemstellungen im Vordergrund, die in Kleingruppen in regelmäßigen Abständen während oder außerhalb der Arbeitszeit betrachtet werden. Vor allem durch interdisziplinäre Gruppen werden neue Fähigkeiten entwickelt und innovative Problemlösungen ermöglicht.
- Personenorientiertes Kaizen betrifft letztlich jeden einzelnen Mitarbeiter, der durch Vorschläge Möglichkeiten zur Verbesserung der eigenen Arbeit entwickelt.

---

27 Vgl. Dickmann (2007), S. 79
28 Vgl. Bartholomay (2007), S.19
29 Vgl. Teufel (2003), S. 507
30 Vgl. Imai (1993), S. 111 ff.

2.3 Der kontinuierliche Verbesserungsprozess

Kaizen bedeutet eine kontinuierliche Verbesserung in kleinen Schritten. Damit steht Kaizen im Widerspruch zur Verbesserung durch Innovationen, die eine drastische, schnelle Verbesserung des aktuellen Zustandes durch einmalige Investitionen in neue Technologien oder Ausstattungen bewirken soll.[31]

Kaizen versucht, Verbesserungen durch eine kontinuierliche Anstrengung mit den vorhandenen Mitteln zu erzielen. Damit ist Kaizen weniger risikoreich, da das vorhandene Potenzial besser ausgeschöpft wird, bevor teure Investitionen getätigt werden.

2.3.1 Verschwendung als Ansatzpunkt für Verbesserungen

Um Verbesserungen zu erzielen, betrachtet Kaizen die Beseitigung von Verschwendung als unabdingbare Grundlage.[32] Als Verschwendung, die oft auch mit dem japanischen Wort „Muda" bezeichnet wird, werden alle Tätigkeiten oder sonstigen Aufwände angesehen, die nicht zur Wertschöpfung beitragen.[33]

Zur Beurteilung, ob eine Tätigkeit wertschöpfend ist, sollte immer die Sichtweise des Kunden eingenommen werden, da er derjenige ist, der den Wert eines Produktes oder einer Dienstleistung bestimmt.[34] Wertschöpfend ist also alles, wofür der Kunde zu zahlen bereit ist.

Durch die Beseitigung von Verschwendung wird die Arbeitseffizienz gesteigert und die Mitarbeiter werden entlastet, da mehr Zeit für die eigentlich wertschöpfenden Tätigkeiten bleibt.[35]

Zusammen mit Muda werden auch oft die Begriffe „Mura" (Ungleichmäßigkeit) und „Muri" (Überlastung) genannt.[36] Ebenso wie Verschwendung soll jede Form von Unregelmäßigkeit oder Überlastung vermieden werden. Überlastung führt zu Stress und sinkender Motivation der Mitarbeiter sowie zu einer erhöhten Fehlerhäufigkeit. Ungleichmäßigkeit bei der Erledigung der Arbeit durch z. B. schlecht aufeinander abgestimmte Schnittstellen verhindert, dass Arbeit in einen

31 Vgl. Imai (1993), S. 47 ff
32 Vgl. Teufel (2003), S. 510
33 Vgl. Imai (1997), S. 22
34 Vgl. Womack/Jones (2004), S. 24 ff.
35 Vgl. Teufel (2003), S. 511
36 Vgl. Imai (1997), S. 85

kontinuierlichen Fluss kommt und führt zu schlechter Mitarbeiterauslastung, wenn z. B. Vorgänge stapelweise an den nächsten Prozessteilnehmer geleitet werden.

2.3.2 Das Verfahren zur ständigen Verbesserung: PDCA-Zyklus und Standardisierung

Als Handlungsschema für die kontinuierliche Verbesserung gilt der Plan-Do-Check-Act-Zyklus (PDCA-Zyklus), der auf den US-amerikanischen Physiker und Statistiker W.E. Deming zurückgeht.[37] Es handelt sich dabei um ein Problemlösungsschema, das aus vier aufeinander folgenden Phasen besteht, die immer wieder durchlaufen werden, um eine kontinuierliche Verbesserung aufrechtzuerhalten.[38]

In der Planungsphase (Plan) wird zunächst die Ist-Situation analysiert. Dies sollte auf Grundlage problemspezifischer Daten geschehen, die mit Hilfe von statistischen Werkzeugen ermittelt werden. Die Erfassung des Ausgangszustandes ermöglicht den Entwurf eines Verbesserungsplanes, der Ziele für Verbesserungen sowie einen Aktionsplan zur Zielerreichung enthalten sollte. Darauf folgt die Umsetzungsphase (Do), in der die geplanten Maßnahmen umgesetzt werden. In der anschließenden Prüfphase (Check) wird kontrolliert, ob die Umsetzung vorangetrieben wird und die erwarteten Ergebnisse erzielt werden. Diese Überprüfung geschieht wiederum anhand von Kennzahlen. Sollte keine Verbesserung eingetreten sein, wird der Zyklus wieder von Beginn an durchlaufen und zwar so lange, bis eine positive Entwicklung feststellbar ist.

Werden dagegen die gewünschten Ziele erreicht, wird die Verbesserung in der folgenden Aktionsphase (Act) als neue Vorschrift festgelegt. Dies geschieht mittels Standardisierung. Ein Standard dient dazu, die erzielte Verbesserung aufrechtzuerhalten und nicht wieder in alte Gewohnheiten zu verfallen. Neben einer Verbesserung der Prozessstabilität fördern Standards auch ein einheitliches Prozessverständnis, so dass z. B. neue Mitarbeiter schneller eingearbeitet werden können.[39] Standards sind unerlässlich, da erst die Kenntnis des genauen Status Quo eine Verbesserung ermöglicht.

Oft wird eingewandt, dass Standards die Kreativität oder Innovationsfähigkeit einschränken. Dagegen spricht, dass in der Kaizen-Philosophie die einmalige Definition eines Standards nicht bedeutet, dass dieser Standard als feststehendes Ziel

---

37 Vgl. Gábor Sebestyén (1994), S. 35
38 Vgl. Teufel (2003), S. 509
39 Vgl. Best/Weth (2005), S. 126

betrachtet wird. Stattdessen sollen auch Standards kontinuierlich verbessert werden. Daher ist die Kreativität und Innovationsfähigkeit der Mitarbeiter notwendig, um bestehende Standards anzuheben.[40]

Ziel der kontinuierlichen Verbesserung ist also die Einhaltung festgelegter Standards, was ein hohes Maß an Disziplin und Anstrengung erfordert, sowie die ständige Bemühung, diese Standards zu erhöhen.[41]

Plan Verbesserungen planen
Do Durchführen
Check Überprüfen
Act Fixieren als Standard

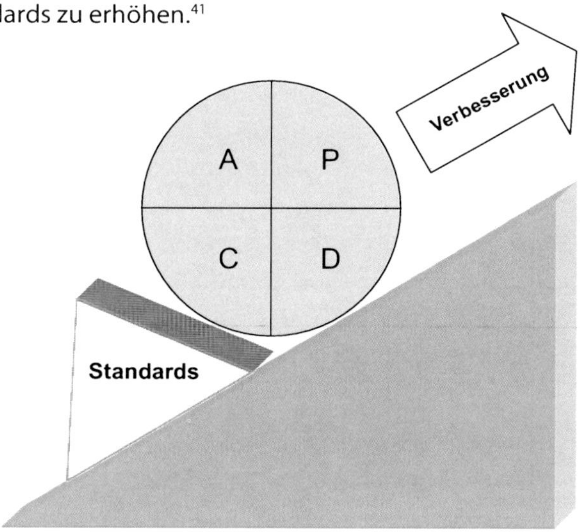

Abbildung 2: Der PDCA-Zyklus[42]

2.3.3 In Daten sprechen

Die systematische Sammlung und Analyse von Daten ist ein weiteres wichtiges Element im kontinuierlichen Verbesserungsprozess.[43] Nur durch die Quantifizierung eines Problems mit Zahlen, Daten und Fakten werden neue Verbesserungsmöglichkeiten ersichtlich und eine Erfolgsmessung durch Soll-Ist-Vergleich ermöglicht.

Kaizen bedient sich verschiedenster Techniken zur Bestimmung, Analyse und Gewichtung von Daten. Es werden insbesondere sieben statistische Werkzeuge verwendet, um Problemlösungsdaten zu analysieren: Pareto-Diagramme, Ursache-Wirkungs-Diagramme, Histogramme, Kontrollkarten, Streuungsdiagramme, verschiedene Kurven und Prüfformulare. Die genannten Werkzeuge, die hier nicht genauer erklärt werden sollen, werden bei einer ausreichenden Verfügbarkeit von

40 Vgl. Imai (1993), S. 51 ff.
41 Vgl. Imai (1993), S. 26
42 Vgl. Dickmann (2007), S. 69
43 Vgl. Imai (1993), S. 73

Daten angewendet. Existieren dagegen nicht alle benötigten Daten oder sind vorwiegend qualitative Daten vorhanden, werden Methoden wie z. B. Beziehungsdiagramme, Brainstorming, Baumdiagramme oder Pfeildiagramme benutzt, um die vorhandenen Fakten zu strukturieren und so die Problemlösung zu erleichtern.[44]

2.3.4 Visuelles Management

Visualisierung spielt eine wichtige Rolle im Verbesserungsprozess und dient dazu, allen Mitarbeitern Informationen, die sowohl das ganze Unternehmen als auch einzelne Arbeitsprozesse betreffen, transparent darzustellen. Ziel ist, dass jede Person an jedem Ort fähig ist, jede Situation vor Ort auf einen Blick zu beurteilen.[45] So sollen Probleme und Abweichungen vom Standard visualisiert werden, damit sie nicht in Vergessenheit geraten, eine schnelle Reaktion möglich ist und jeder die Gelegenheit erhält, Ideen zur Problemlösung einzubringen. Des Weiteren sollen an jedem Arbeitsplatz Kennzahlen und Ziele für jeden klar ersichtlich sein, damit jeder vor Ort an die Elemente erinnert wird, die für den Erfolg ausschlaggebend sind.

Mit Hilfe von Informationstafeln werden allen Mitarbeitern Ziele, Probleme, Maßnahmen, Lösungen, Standards und Ergebnisse im Unternehmen kommuniziert.[46] So wird jedem Mitarbeiter ein Überblick über die Verbesserungsaktivitäten geschaffen. Des Weiteren wird die Kommunikation zwischen Management und Mitarbeitern gefördert, da Mitarbeiter nun Zugang zu Informationen erhalten, die normalerweise nur Führungskräften zugänglich sind. So werden die Mitarbeiter aktiv ins Unternehmensgeschehen eingebunden und ihre Motivation gesteigert, da sie durch die Visualisierung eine schnelle Rückmeldung zum Erfolgsbeitrag ihrer Verbesserungsaktivitäten bekommen.[47] Zusammengefasst leistet visuelles Management also einen Beitrag zu mehr Transparenz und Motivation sowie zu einem besseren Controlling.

2.3.5 Gemba-Orientierung

Kontinuierliche Verbesserungen sollen am „Ort des Geschehens" (jap. Gemba), d. h. dem Arbeitsplatz in Produktion oder Büro erfolgen, da dort auch die Wertschöpfung stattfindet.[48]

---

44 Vgl. Gábor Sebestyén (1994), S. 51 ff.
45 Vgl. Imai (1997), S. 96
46 Vgl. Schmelzer/Sesselmann (2003), S. 242
47 Vgl. Teufel (2003), S. 513
48 Vgl. Imai (1997), S. 13 ff.

Heute ist es oft so, dass Manager Entscheidungen auf der Basis von Berichten treffen, die sie von ihren Mitarbeitern erhalten, ohne selbst an den Arbeitsplatz zu gehen. So werden oft fehlerhafte Entscheidungen getroffen, weil die hinter den Ergebnissen versteckten Prozesse nicht bekannt sind. Nur vor Ort sind korrekte Kennzahlen erfassbar und die tatsächliche Situation ersichtlich. Daher sollten sich Manager regelmäßig selbst vor Ort ein Bild von der Lage machen, die tatsächlichen Abläufe beobachten und gleichzeitig mehr Verantwortung an die Mitarbeiter übertragen, die am Ort der Wertschöpfung tätig sind. Selbstkontrolle durch die Mitarbeiter statt Fremdkontrolle durch Vorgesetzte steht im Vordergrund.

Zusammengefasst soll bei auftretenden Problemen folgende Vorgehensweise gelten: „Gehe zu Gemba, beobachte Gembutsu (die realen Dinge), suche nach Muda (Verschwendung), Mura (Abweichung, Unstetigkeit) und Muri (Überlastung), mache Kaizen!"[49]

49 Leikep/Bieber (2004), S. 17

3. Probleme und Verbesserungspotenzial administrativer Bereiche

3.1 Besonderheiten von administrativen Bereichen und Gründe für die späte Anwendung von Office-Kaizen

Da ein Großteil der Mitarbeiter heute im administrativen Bereich beschäftigt ist, stellt sich die Frage, wieso sich die Anwendung der Kaizen-Philosophie bisher fast nur auf die Produktion beschränkt hat.

Nach dem Bekanntwerden des Toyota-Produktionssystems wurde die Kaizen-Idee mit sehenswerten Erfolgen in der Produktion umgesetzt. Auch wenn es in der Literatur schon Mitte der neunziger Jahre vereinzelte Hinweise auf eine Anwendung des Konzeptes in administrativen Bereichen gab, fanden sie kaum Beachtung, da die Verbesserung der Produktion zunächst im Mittelpunkt stand.[50] Der Hauptgrund für die späte Einführung von Kaizen im Büro- und Verwaltungsbereich liegt jedoch in den nicht unwesentlichen Unterschieden zwischen Produktion und Verwaltung:

Informationen als Produkt sind unsichtbar

Anstelle von Materialien werden Informationen be- und verarbeitet, die erst durch Medien wie Formulare, Briefe, Mails etc. sichtbar werden. Daher ist der Informationsfluss im Unterschied zum Materialfluss erst mit Hilfe von Analyse-Tools sichtbar.[51] Informationen sind nicht einfach handhabbar, da sie auf die unterschiedlichste Art und Weise interpretiert und weitergegeben werden. Administrative Prozesse unterscheiden sich nicht stark von Produktionsprozessen, aber da Informationen unsichtbar sind, werden sie nicht analysiert, gemessen oder verbessert.[52]

Mangelndes Qualitätsbewusstsein

Des Weiteren existiert in administrativen Bereichen kein Qualitätsbewusstsein wie in der Produktion, da Qualität schwer fassbar und abstrakt erscheint, besonders bei relativ unstrukturierter Arbeit.[53] Es herrscht selten ein Bewusstsein für die innerbetriebliche Kunden-Lieferanten-Beziehung und das Produkt „Information"

50 Vgl. Schneider (2006), S. 15
51 Vgl. Wiegand/Nutz (2007), S. 10
52 Vgl. Taninecz (2006), S. 2
53 Vgl. Heß (1997), S. 96

und dessen Qualität. Wenn z. B. eine Information fehlt, wird einfach nochmals beim Kollegen nachgefragt, anstatt das gesamte System zu hinterfragen, um eine dauerhafte Lösung zu finden. So wird bei Problemen auch meist auf die mangelhaften Fähigkeiten der Mitarbeiter verwiesen, anstatt auch andere Ursachen in Betracht zu ziehen, die dazu führen, dass sie ihr Soll nicht erfüllen können, wie beispielsweise schlechtes Training oder verspäteter Erhalt von Informationen. Es wird fast nie hinterfragt, wieso Produktivität, Qualität und Leistung niedrig sind.[54]

Komplexität administrativer Prozesse

Häufig wird auch eingewandt, dass die administrativen Bereiche stark fremdbestimmt seien und ständig wechselnde Anforderungen existieren. Außerdem sei die Arbeit kreativ und einzigartig.

Daher sei es kaum möglich, Standards zu entwickeln oder die Arbeitseffizienz durch Kennzahlen zu messen.[55]

Es ist richtig, dass Mitarbeiter in der Verwaltung eine hohe Vielfalt von Aufgaben erledigen müssen, die unterschiedliche Komplexität aufweisen. Auch die Dauer, die zur Erledigung von Aufgaben benötigt wird, variiert von dem Unterschreiben eines Formulars bis zu einer komplexen Projektbearbeitung.[56] Aber das heißt nicht, dass keine Standardisierung möglich ist. Es darf allerdings nicht versucht werden, die Methoden aus der Produktion blind in administrativen Bereichen anzuwenden, ohne sie an die Bedürfnisse letzterer anzupassen. In der Realität wiederholen sich in administrativen Bereichen ca. drei Viertel aller Tätigkeiten und lassen sich daher standardisieren. Man muss nur mit anderen Augen hinsehen, um im chaotisch scheinenden Büro wiederkehrende Grundmuster zu erkennen. Wenn diese Routineaufgaben erkannt und verbessert werden, bleibt viel mehr Zeit für die Erledigung von Ausnahmearbeiten, die nicht standardisierbar sind.[57]

Mitarbeitern fehlt das Bewusstsein, dass auch administrative Prozesse einem Produktionsprozess ähneln: Aus einem Input, der z. B. aus Kundendaten besteht, entsteht über einen Geschäftsprozess ein Output wie ein Angebot oder eine Dienstleistung.[58] Auch Kennzahlen sind genauso erfassbar, allerdings gibt es natürlich Tätigkeiten, bei denen eine Kennzahlenaufnahme geeigneter oder die

---

54 Vgl. Wiegand/Franck (2006), S. 12
55 Vgl. Rodermond (2005), S. 1
56 Vgl. Wiegand/Nutz (2007), S. 11
57 Vgl. Wiegand/Franck (2006), S. 22
58 Vgl. Wiegand/Nutz (2007), S. 8

Aussagekraft höher ist als bei anderen Tätigkeiten. So eignen sich besonders regelmäßige Tätigkeiten mit niedriger Komplexität für die Kennzahlenerfassung, aber auch bei Einzelfällen oder Projekten kann letztere sinnvoll sein, wenn das Arbeitsvolumen hoch ist (z. B. Entwicklungsprojekte).[59]

Motivation der Mitarbeiter

Neben den genannten Gründen dafür, wieso Kaizen-Aktivitäten nur selten in administrativen Bereichen durchgeführt werden, spielt auch die Einstellung von Mitarbeitern eine große Rolle. Während es in der Produktion normal ist, nach einem vorgegebenen Schema zu arbeiten, haben Mitarbeiter in administrativen Bereichen einen größeren Handlungsspielraum und Kreativität ist wichtiger. So sind Mitarbeiter es gewohnt, Aufgaben so durchzuführen, wie sie es gelernt haben und wie es für sie am sinnvollsten erscheint.[60] Ein Bewusstsein für standardisierte Abläufe ist meist nicht vorhanden.[61] Mitarbeiter in administrativen Bereichen sind daher besonders am Anfang nur schwer davon zu überzeugen, dass ihre Arbeit auf eine noch bessere Art und Weise ausgeführt werden kann. Die Mitarbeiter begreifen meist nicht, dass Kaizen-Maßnahmen wie Standards nicht ihren Handlungsspielraum oder ihre Kreativität einschränken sollen, sondern dazu beitragen, ihnen die Arbeit besonders bei Routinetätigkeiten angenehmer zu machen. Sie denken, dass Kaizen-Maßnahmen in der Produktion sinnvoll sind, sie selbst aber über solchen Konzepten stehen.[62]

Mit der genauen Analyse von Arbeitsprozessen durch Office-Kaizen wird eine Art Tabu durchbrochen, da die administrativen Bereiche bisher von solchen Eingriffen unangetastet blieben und nun existierende Komfortzonen beseitigt werden.[63] Das Management wagt es nun erstmals, den eigenen Arbeitsplatz anzutasten, anstatt nur der Produktion Verbesserungsreformen zu verordnen.

---

59 Vgl. Wesoly (2006), S. 54

60 Vgl. Wiegand/Nutz (2007), S. 11

61 Quelle: Persönliches Interview vom 11.04.2008 mit Herrn Masuyuki Wada, Unternehmensberater der SPS Management Consultants GmbH. Anschrift: Bongardstraße 17, 44787 Bochum

62 Vgl. Tonkin (2007 a), S. 65

63 Vgl. Schaudwet (2004)

3.2 Viele Schnittstellen durch eine funktionale Organisation

In den administrativen Bereichen von Unternehmen liegt heute immer noch eine funktionale Organisationsstruktur vor. Dieser organisatorische Aufbau beruht auf dem Prinzip der Arbeitsteilung, das durch Taylor Anfang des 20. Jahrhunderts geprägt wurde.[64] Bei der damals vorherrschenden Massenproduktion konnte durch die Trennung von dispositiver und operativer Arbeit eine Produktivitätssteigerung erreicht werden. Dadurch, dass jeder Arbeitnehmer nur einen bestimmten Arbeitsinhalt zugeteilt bekam, sollte die kürzeste mögliche Bearbeitungszeit erzielt werden.

Die starke Betonung der Spezialisierung führte zu einer vertikalen Unterteilung von Unternehmen in Funktionen und Abteilungen, die jeweils auf eine bestimmte Aufgabe spezialisiert sind.[65] Der Wertschöpfungsprozess wurde fragmentiert, was sich in einer hohen Anzahl von Verantwortungsbrüchen und Schnittstellen widerspiegelt.

Während in der Produktion heute kaum noch Werkstätten, sondern nach dem Fertigungsfluss organisierte Produktionslinien existieren, findet man in administrativen Bereichen häufig immer noch Funktionsorientierung.[66] Laut der „Lean Office Studie 2006" sind bei ca. 50 % der Unternehmen drei bis fünf Schnittstellen an der Erstellung des Prozessproduktes beteiligt, bei einem Drittel der Unternehmen liegt die Anzahl der beteiligten Organisationseinheiten sogar über fünf.[67] Diese ziehen Abstimmungsprobleme, Missverständnisse, Verzögerungen und eine hohe Fehlerquote nach sich.[68] Des Weiteren entstehen kostenintensive Einarbeitungszeiten, da sich jeder Prozessbeteiligte in einen Arbeitsvorgang einarbeiten muss. Viele Schnittstellen erhöhen die Durchlaufzeit drastisch, da häufiger Transport- und Wartezeiten existieren. Auch die Wahrscheinlichkeit, dass die Erledigung von anderen Aufgaben dazwischengeschoben wird, wächst, je mehr Schnittstellen existieren, da in administrativen Bereichen die Reihenfolge der Aufgabenbearbeitung meist von jedem Mitarbeiter selbst bestimmt wird. So werden Aufgaben oft erst dann erledigt, wenn sie sehr dringend sind.[69] Das Verhältnis von Bearbeitungs- zu Durchlaufzeit, das bei 20 % der Unternehmen in administrativen Bereichen nur bei 5 % liegt, verdeutlicht die genannten Probleme: Nur 5 % der Durchlaufzeit trägt zur Wertschöpfung des Prozessproduktes bei, in der restlichen Zeit wartet das Produkt

---

64 Vgl. Braun (2003), S. 21
65 Vgl. Schmelzer/Sesselmann (2003), S. 46
66 Vgl. Wiegand/Nutz (2007), S. 13
67 Vgl. Wittenstein (2006 a), S. 41
68 Vgl. Bußmann (1994), S. 91
69 Vgl. Wittenstein (2006 a), S. 35

auf die Bearbeitung.[70] Insgesamt führt eine lange Durchlaufzeit zu einer hohen Kapitalmittelbindung sowie zu unzufriedenen Kunden.[71]

Zahlreiche Schnittstellen erfordern einen hohen Kontroll- und Koordinationsaufwand, um den Gesamtprozess dennoch nicht aus den Augen zu verlieren. Dies spiegelt sich in den komplexen Planungs-, Kontroll- und Steuerungssystemen heutiger Unternehmen wider.[72] Streng hierarchisch ausgerichtete Entscheidungs- und Berichtswege führen zu langen Durchlaufzeiten sowie zu Informationsverlusten und Missverständnissen über verschiedene Abteilungsgrenzen hinweg.[73] Durch eine übermäßige Berichtspflicht werden Mitarbeiter daran gehindert, produktiv zu sein und Führungskräfte kommen nicht dazu, sich mit ihren eigentlichen strategischen Aufgaben zu beschäftigen.[74]

Des Weiteren führen die vielen Schnittstellen im Verwaltungsbereich von Unternehmen zu einem Verlust der Kundenorientierung, da sich jeder Mitarbeiter auf die Verrichtung seiner speziellen Aufgabe konzentriert, ohne aber dabei das eigentliche Unternehmensziel, die Kundenzufriedenheit, im Blick zu haben. Mitarbeiter wissen also nicht, wie sich ihre Leistung auf die Kundenzufriedenheit auswirkt und fühlen sich daher auch nicht für das Gesamtergebnis verantwortlich. Dies wird in administrativen Bereichen noch dadurch verstärkt, dass der Begriff des internen Kunden nahezu unbekannt ist und die Kundenorientierung nur dort optimiert wird, wo direkter Endkundenkontakt existiert (z. B. im Vertrieb), obwohl dies nur einen geringen Anteil der Mitarbeiter betrifft.

Außerdem führt häufig eine nicht institutionalisierte Kommunikation zwischen Schnittstellen zu Effizienzverlusten durch falsche oder fehlende Informationsvermittlung. Wenn z. B. das Marketing die von ihm entwickelte Strategie nicht deutlich oder vollständig dem Vertrieb, der oft ein wichtiges Kommunikationsinstrument ist, vermittelt, kann die erhoffte Wirkung auch nicht bei den Endkunden erzielt werden. So kommt es vor, dass der Vertrieb erst durch seine Kunden von neuen Werbekampagnen erfährt.[75]

70 Vgl. Wittenstein (2006 a), S. 44
71 Vgl. Best/Weth (2005), S. 78
72 Vgl. Schmelzer/Sesselmann (2003), S. 48
73 Vgl. Best/Weth (2005), S. 79
74 Vgl. Glahn (2007), S. 95
75 Vgl. Bußmann (1994), S. 89

3.3 Verschwendung in administrativen Bereichen

Angelehnt an das Toyota-Produktionssystem werden in der Produktion sieben Arten von Verschwendung betrachtet: Überproduktion, Wartezeiten, Transport, Verschwendung bei der Bearbeitung, Bestände, Bewegung und defekte Produkte.[76] Diese Verschwendungsarten können auch auf administrative Bereiche angewendet werden, mit dem Unterschied, dass dort keine Materialien, sondern überwiegend Informationen fließen.[77]

Produkte administrativer Prozesse sind abgeschlossene Arbeitsergebnisse, die von dem nachgelagerten internen oder externen Kunden benötigt werden, wie z. B. Auftragsbestätigungen, Angebote, Zeichnungen oder Rechnungen.[78] Ziel ist es, Verschwendung so zu eliminieren, dass Informationen „fließen" und so die richtige Information zum richtigen Zeitpunkt in der richtigen Qualität am richtigen Ort ist.[79]

In administrativen Bereichen liegt der Verschwendungsanteil heute bei rund einem Drittel der Arbeitszeit[80], daher existiert noch ein hohes Verbesserungspotenzial.

3.3.1 Überinformation

Überinformation bedeutet, dass Informationen zu früh oder in einem größeren Umfang erstellt werden, als es für den internen Kunden notwendig wäre. So werden z. B. Berichte oder Statistiken erstellt, die gar nicht wirklich benötigt werden und nur „der Statistik wegen" oder aufgrund von übertriebener Kontrolle durch Vorgesetzte angefertigt werden. Dies verzehrt unnötig Ressourcen in Form von Papier, Arbeitszeit und Platzbedarf.[81] Auch sollte darauf geachtet werden, dass die Qualität der Informationen angemessen ist und nicht detaillierter als nötig gearbeitet wird, da manchmal auch grobe Konzepte statt 100prozentig ausgearbeiteten Lösungen ausreichend sind.

Des Weiteren sollten Informationen auch erst dann erstellt und an den nachgelagerten Prozess weitergegeben werden, wenn sie auch wirklich verlangt werden, denn ansonsten besteht die Gefahr, dass Informationen durch sich ändernde Rahmenbedingungen veraltet sind und so nochmals bearbeitet werden müssen.[82]

---

76 Vgl. Ohno (1993), S. 46
77 Vgl. Heß (1997), S. 95
78 Vgl. Laqua (2005), S. 739
79 Vgl. Leikep/Bieber (2004), S. 17
80 Vgl. Schneider (2006), S. 26
81 Vgl. Tapping/Shuker (2003), S. 46
82 Vgl. Keyte/Locher (2004), S. 17

Außerdem wird bei einer zu frühen Bearbeitung wertvolle Arbeitszeit verschwendet, die später an anderer Stelle fehlen kann.

Überinformation entsteht auch, wenn Informationen an Mitarbeiter weitergeleitet werden, die nicht davon betroffen sind. Dies geschieht heute leicht durch veraltete E-Mail-Verteiler. Mitarbeiter sollten sich daher genau überlegen, für wen eine Information wirklich relevant ist, da schon das Öffnen und Lesen einer E-Mail wertvolle Arbeitszeit verschwendet.[83] Durch Mehrfachablage und unnötige Sicherheitskopien entsteht ebenfalls Überinformation.

3.3.2 Warte- und Suchzeiten

Warte- und Suchzeiten sind sehr häufig in administrativen Bereichen vorzufinden und tragen erheblich zur Erhöhung der Durchlaufzeit von Prozessen bei. Außerdem führen sie zu Hektik, da Mitarbeiter, die oft ohnehin schon überlastet sind, wertvolle Zeit verlieren.

Wartezeiten entstehen insbesondere durch die Unerreichbarkeit von Kommunikationspartnern sowie das Warten auf Informationen oder Rückrufe. Des Weiteren wird auch durch das Warten auf Unterschriften von Vorgesetzten aufgrund von hierarchisch ausgerichteten Berichtswegen wertvolle Arbeitskapazität verschwendet. Auch fehlende oder nicht eingehaltene Terminabsprachen, überflüssige Besprechungen, Diskussionen und Unpünktlichkeit sind hier zu nennen. Daneben existieren technisch bedingte Wartezeiten aufgrund von Systemausfall, langen Systemantwortzeiten, geringer Anzahl oder Defekten von Kopierern und Druckern.[84]

Suchzeiten entstehen beispielsweise durch eine schlechte Ablagesystematik, wenn Ordner schlecht angeordnet, nicht gut sichtbar markiert sind oder Dateien auf unterschiedlichen Laufwerken gespeichert sind. Auch kann das Zusammentragen von Informationen oft umständlich und langwierig sein, vor allem wenn Verantwortliche nicht eindeutig definiert sind.[85]

83 Vgl. Bieber (2001), S. 16
84 Vgl. Kaiser (2001), S. 72
85 Vgl. Glahn (2007), S. 30

3.3.3 Transport

Unter Transport wird in administrativen Bereichen der Informationstransfer von Formularen, Ordnern oder sonstigem Schriftverkehr bezeichnet.[86] Je mehr Schnittstellen, desto länger ist die Transportzeit, die für Informationen benötigt wird. So dauert es oft sehr lange, bis Informationen, die schnell vom externen Kunden geliefert werden, intern an die richtige Person weitergeleitet werden. Dies gilt auch heute noch trotz moderner IT-Technik, da z.B. Zuständigkeiten unklar definiert sind und jeder Mitarbeiter seine Arbeit unterschiedlich priorisiert. Aufwand für Informationstransfer entsteht auch, wenn z.B. keine einheitlichen Softwareversionen bestehen oder allgemein genutzte Informationen nicht in einer einheitlichen Datenbank gespeichert sind.[87]

Informationstransfer verlängert die Durchlaufzeit und es besteht die Gefahr, dass Daten verloren oder verfälscht werden. Dies geschieht beispielsweise, wenn Informationen zwischen zwei Prozessschritten in ein anderes Format umgewandelt werden, z.B. von einem Text in eine Tabelle. Oft werden auch stark vereinfachte Präsentationen für das Management erstellt, die eindrucksvoll aussehen, aber sehr oberflächlich sind. So gehen oft exakte Daten verloren.[88]

3.3.4 Verschwendung bei der Bearbeitung

Besonders durch ungeplantes oder unstrukturiertes Arbeiten aufgrund von fehlenden oder nicht eingehaltenen Standards entsteht Verschwendung im Bearbeitungsprozess.

Fehlen Standards und Prozessbeschreibungen oder sind diese unverständlich, kann die Arbeit nicht auf die optimale Art und Weise ausgeführt werden, was zu Energie- und Zeitverlusten führt.[89] Andererseits existieren auch falsche Standards, Formulare, Checklisten oder Vorlagen. Mitarbeiter, die sich dessen bewusst sind und eine für sie einfachere und benutzerfreundlichere Lösung gefunden haben, umgehen den existierenden Standard und arbeiten so, wie es ihnen am Besten erscheint. Dadurch entstehen informelle Systeme, die aus Angst vor Sanktionen heimlich angewandt werden. Daher ist es sinnvoll, gemeinsam mit den Mitarbeitern die bestmögliche Lösung zu finden, die sowohl den Anforderungen des Unternehmens entspricht als auch benutzerfreundlicher ist. So wird eine Verbesserung

86 Vgl. Bieber (2001), S. 16
87 Vgl. Kaiser (2001), S. 72
88 Vgl. Lareau (2003), S. 33
89 Vgl. Lareau (2003), S. 28

offizieller Standards gewährleistet und die Existenz unterschiedlicher, parallel existierender Systeme, die Fehler verursachen, vermieden.[90]

Verschwendung in Prozessen entsteht auch durch Doppelarbeiten aufgrund von zu vielen beteiligten Stellen oder mangelnder abteilungsübergreifender Zusammenarbeit. Des Weiteren führen Kommunikationsmängel zwischen Abteilungen zu mehrfachen Rückfragen.

Auch die übertriebene Kontrolle von Arbeitsergebnissen durch Vorgesetzte oder nachgelagerte Prozessteilnehmer stellt keine wertschöpfende Tätigkeit dar. Stattdessen sollte man sich darauf konzentrieren, den Prozess so zu gestalten, dass Fehler nur schwer möglich sind und dass bereits bei der Bearbeitung eine Qualitätskontrolle stattfindet.[91]

Verschwendung entsteht ebenfalls durch unklare Aufträge oder mangelnde Qualifikation der Mitarbeiter.

Auch eine falsche Priorisierung von Arbeitsschritten oder gar überflüssige Arbeitsschritte, die nicht erforderlich sind, um die Kundenanforderungen zu befriedigen, sind zu nennen. Ebenso werden technische Geräte wie Kopierer oder Computer oft falsch bedient, da keine Bedienungsanleitungen vorliegen.[92]

3.3.5 Bestände

Bestände können in vielen verschiedenen Formen vorliegen. Ein großes Problem stellen unbearbeitete Vorgänge oder Aufträge dar, die erheblich zur Verlängerung der Durchlaufzeit beitragen. Wenn z.B. ein Mitarbeiter eine Arbeitskapazität von täglich zehn Vorgängen hat und diese Menge auch täglich an seinen Arbeitsplatz bekommt, hängt die Durchlaufzeit davon ab, wie hoch der Bestand an Vorgängen auf seinem Schreibtisch ist. Je weniger Bestand vorliegt, desto schneller erhält der interne oder externe Kunde die erwartete Leistung. Die Durchlaufzeit wird also durch das Verhältnis von Beständen zu der verfügbaren Bearbeitungskapazität beeinflusst.[93]

Bestände werden oft auch absichtlich durch die weit verbreitete Vorliebe, Vorgänge stapelweise abzuarbeiten, geschaffen. So existiert die Überzeugung, dass vergleichbare Aktivitäten nach Typen geordnet und dann stapelweise abgearbeitet

90 Vgl. Lareau (2003), S. 30
91 Vgl. Tapping/Shuker, S. 46
92 Vgl. Kaiser (2001), S. 73
93 Vgl. Glahn (2007), S. 33

werden müssen, damit die Arbeit effizienter und einfacher wird. In dieser Einstellung spiegelt sich erneut das Denken in Abteilungen und Funktionen wider, das auf einer starken Arbeitsteilung beruht. Eine stoßweise Bearbeitung von Vorgängen führt jedoch zu langen Wartezeiten und zu Überlastungen nachgelagerter Prozessteilnehmer, da sie auf einmal ein hohes Arbeitsvolumen erhalten. Des Weiteren wird das Kundenziel, den Auftrag schnell zu bearbeiten, aus den Augen verloren. Teilprozesse müssen daher aufeinander abgestimmt und in einen kontinuierlichen Fluss gebracht werden.[94]

Neben Aufträgen oder Vorgängen zählen auch überfüllte Mailboxen, nicht benötigte Ordner, Kopien und übermäßig viel Büromaterial zu Verschwendung in Form von Bestand. Unnötig ausgedrucktes Papier existiert sehr häufig auf Grund von Sicherheitsbedürfnissen. Dies verursacht allerdings Kosten, nimmt Platz ein und erhöht den Aufwand zum Wiederfinden von Dokumenten. Des Weiteren können Dokumente überflüssig werden, wenn sich Arbeitsanforderungen verändern. Es ist eine Änderung der Denkweise dahingehend nötig, dass z. B. nur die Dokumente ausgedruckt werden, die unbedingt notwendig sind und auch erst zu dem Zeitpunkt, zu dem sie gebraucht werden.[95]

In administrativen Bereichen befinden sich auch oft hohe Bestände in Form von Daten auf der Festplatte, die zum Teil gar nicht mehr benötigt werden oder sogar doppelt abgespeichert sind. Dies führt zu einer Einschränkung der verfügbaren Speicherkapazität sowie der Systemantwortzeit.[96]

3.3.6 Bewegung

Verschwendung durch Bewegung entsteht beispielsweise durch weite Wege zu Ablagen, Geräten, Besprechungen oder Arbeitskollegen.[97] So entstehen durch schlecht organisierte Prozesse oder ein ungünstiges Bürolayout lange Laufwege, die den Arbeitsfluss stören und Arbeitszeit verschwenden. Wenn es Mitarbeitern nicht möglich ist, einen Vorgang durchgängig zu bearbeiten, ist die „geistige Rüstzeit" sehr hoch, d. h. man benötigt nach der Rückkehr an den Arbeitsplatz einige Zeit, um sich wieder in den aktuellen Vorgang hineinzudenken.[98]

---

94 Vgl. Womack/Jones (2004), S. 31
95 Vgl. Tapping/Shuker (2003), S. 47
96 Vgl. Kaiser (2001), S. 71
97 Vgl. Bieber (2001), S. 17
98 Vgl. Kaiser (2001), S. 74

Büroausstattung wie Kopierer oder Faxgeräte etc. sollte daher für jeden schnell erreichbar und zentral angeordnet sein. Auch sollten interne Kunden und Lieferanten räumlich nah platziert sein, um lange Wege zur Klärung von Problemen zu vermeiden. Verschwendung durch Bewegung entsteht ebenfalls durch Meetings, die in Konferenzräumen abgehalten werden, anstatt am Ort des Geschehens darüber zu sprechen oder Telefonkonferenzen abzuhalten. Auch sollten elektronische Medien eingesetzt werden, um Laufwege zu ersetzen. Des Weiteren kostet unnötiges Stapeln oder Einordnen aufgrund einer uneinheitlichen Ablagesystematik Zeit und Energie.

3.3.7 Fehler

Fehler gefährden die Qualität der Dienstleistung, erhöhen die Durchlaufzeit durch Zeitaufwand für Korrektur und Rückfragen und kosten Geld.[99] Sie sind in administrativen Bereichen oft schwerer zu erkennen als in der Produktion und werden oft z.B. erst durch eine Kundenreklamation bemerkt. Beispiele für Fehler sind falsche oder fehlende Eingaben, Rechnungsfehler, falsche Unterlagen, fehlerhafte Formate und falsche oder unvollständige Informationen. Durch ungenaues Arbeiten und falsche Daten können Fehlentscheidungen entstehen. Prozesse müssen unterbrochen werden, um Fehler zu korrigieren, was zu Produktivitätsverlusten führt.[100] Es sollte daher versucht werden, Prozesse so zu gestalten, dass Fehler gar nicht erst entstehen können.

In einer Studie aus dem Jahr 2006 wurde festgestellt, dass ca. 60 % der befragten Unternehmen bis zu 15 % der Prozessprodukte wiederholt bearbeiten müssen.[101] Folglich liegt das Ziel einer „Null-Fehler-Administration" noch in weiter Ferne und das Qualitätsbewusstsein in administrativen Bereichen muss noch stark erhöht werden.

3.3.8 Schlechte Ausnutzung des Mitarbeiterpotenzials

Oft wird auch noch eine achte Verschwendungsart hinzugefügt: „Das Unvermögen, die Fähigkeiten und Beiträge der Mitarbeiter zur Optimierung eines Unternehmensprozesses auszunutzen".[102]

Mangelndes Training führt zu einer schlechten Ausnutzung des vorhandenen Mitarbeiterpotenzials. So gibt es z.B. oft Mitarbeiter, die sehr motiviert sind, aber

99 Vgl. Kaiser (2001), S. 74
100 Vgl. Tapping/Shuker (2003), S. 48
101 Vgl. Wittenstein (2006 a), S. 46
102 Drew/McCallum/Roggenhofer (2005), S. 36

aufgrund von mangelndem Training noch sehr lange für die Arbeit benötigen und sogar Pausen ausfallen lassen, um das notwendige Arbeitsvolumen zu schaffen. Durch Schulungsmaßnahmen würde ein solch hoch motivierter Mitarbeiter noch viel produktiver und weniger gestresst sein.[103] Daneben kann auch ein schlechter Ausgleich der Arbeitsbelastung dazu führen, dass manche Mitarbeiter überbelastet, andere dagegen unterbelastet sind. Es muss daher versucht werden, das Arbeitsvolumen als Team zu bearbeiten und untereinander gleichmäßig zu verteilen.[104]

Auch sollte darauf geachtet werden, dass den Mitarbeitern ausreichende Hilfsmittel wie Büroausstattung und Software zur Verfügung gestellt werden, damit das vorhandene Potenzial bestmöglich ausgeschöpft werden kann.[105] Daneben müssen Aufgabeninhalte so kommuniziert werden, dass sie von den Mitarbeitern verstanden werden, damit ihr Potenzial effizient eingesetzt wird.

3.4 Verschwendung durch mangelhafte Mitarbeiterführung

Laut Lareau existiert neben den genannten Arten noch Verschwendung durch mangelhafte Mitarbeiterführung, die besonders im administrativen Bereich eine große Rolle spielt.[106] So werden die bisher genannten, eher oberflächlichen Verschwendungsarten durch mangelnde Führung als tiefer liegende Ursache erst begünstigt. Die Beseitigung von Management-Verschwendung muss daher als Erstes angegangen werden. Es werden vier Arten von Verschwendung im Management unterschieden:

Fehlende Fokussierung

Verschwendung durch fehlende Fokussierung entsteht, wenn das Management es nicht schafft, die vorhandenen Ressourcen auf die wichtigsten Ziele und Probleme auszurichten.[107] So kann beispielsweise das Ziel, den Kundenservice zu verbessern, nur erreicht werden, wenn die ganze Organisation darauf ausgerichtet wird, um die Umsetzung auf jeder Unternehmensebene zu garantieren. Alle Mitarbeiter müssen die gleiche Botschaft erhalten und zwar so, dass sie verständlich ist und auf die tägliche Arbeit jedes Einzelnen bezogen werden kann. Jeder Mitarbeiter

103 Vgl. Lareau (2003), S. 24
104 Vgl. Lareau (2003), S. 30
105 Vgl. Keyte/Locher (2004), S. 17
106 Vgl. Lareau (2003), S. 39
107 Vgl. Lareau (2003), S. 40 ff.

muss wissen, wie er persönlich zur Erreichung des Unternehmensziels beitragen kann. Durch mangelnde Fokussierung kann eine Organisation nicht koordiniert zusammenarbeiten und es kommt zu Reibungsverlusten.

Fehlende Struktur

Struktur steht nicht nur für die Organisationsstruktur eines Unternehmens, sondern für alles, was den konstanten Rahmen des Geschehens in einem Unternehmen bildet. Dazu gehören z.B. Prozesse, Erwartungen, Rituale, Verhaltensweisen, Rollen, Informationsaustausch und formale sowie informelle Regeln.[108] Strukturen müssen so beschaffen sein, dass sie die Fokussierung der Organisation unterstützen. Struktur bezieht sich auf den Organisationsgrad der täglichen Arbeit. Dazu zählt z.B. eine klare Definition von Aufgaben und Prozessen, Leistungsüberprüfung mit Kennzahlen, formale Verbesserungspläne etc. Auch die Kommunikation muss strukturiert sein. So müssen Entscheidungen der Führungsebene schnell von allen Mitarbeitern verstanden werden und alle schnell über Veränderungen informiert werden. Wenn keine ausreichende Struktur bezüglich Organisation der täglichen Arbeit, Leistungsmessung oder Kommunikation existiert, ist es nicht möglich, Verbesserungen zu schaffen oder das Unternehmen auf ein gemeinsames Ziel zu fokussieren.

Fehlende Disziplin

Verschwendung durch fehlende Disziplin tritt auf, wenn nicht schnell genug auf Probleme oder Verschlechterungen reagiert wird.[109] Es müssen also Mechanismen zur Leistungsmessung geschaffen werden, damit Mitarbeiter nicht wieder in alte Muster verfallen. Manager sollten z.B. regelmäßig mit Mitarbeitern über Ziele und Leistungen sprechen und prozessorientierte Kennzahlen erfassen, damit Verbesserungen messbar werden. Außerdem müssen Mitarbeiter dafür sensibilisiert werden, dass beim Auftauchen von Problemen sofort versucht werden sollte, eine Lösung zu finden.

---

108 Vgl. Lareau (2003), S. 43 ff.
109 Vgl. Lareau (2003), S. 45 ff.

Fehlender Verantwortungsbereich

Wenn Mitarbeitern nur ein sehr beschränkter Verantwortungsbereich zugesprochen wird, werden sie dadurch daran gehindert, selbständig Verbesserungen durchzuführen.[110] Auch die Motivation spielt hier eine große Rolle: Mitarbeiter, die sich für ihre Aufgaben verantwortlich fühlen und darauf stolz sind, sind weitaus leistungsfähiger als solche, die nur einen sehr beschränkten Handlungsspielraum haben und daher nur das Nötigste machen, um keine Schwierigkeiten zu bekommen.

---

110 Vgl. Lareau (2003), S. 47 ff.

4. Methoden des Kaizen in administrativen Bereichen

4.1 Die 5-S-Methode

Die 5-S-Methode besteht aus fünf Schritten, durch die eine verbesserte Organisation des Arbeitsplatzes erreicht werden soll. Die fünf S stehen für die japanischen Begriffe Seiri (Ordnung schaffen), Seiton (Definierung von Stell- und Arbeitsflächen), Seiso (Sauberkeit), Seiketsu (persönlicher Ordnungssinn) und Shitsuke (Disziplin).[111]

Die Anwendung dieser Methode bietet sich besonders zu Beginn einer Einführung von Kaizen an, da ein gut organisierter Arbeitsplatz die Basis für die Verbesserung des Informations- oder Materialflusses ist. [112] Arbeitsplätze sollen so beschaffen sein, dass Mitarbeiter optimal arbeiten können und die Arbeitsplatzausstattung sowie der Arbeitsraum effizienter ausgenutzt werden. Ziel der 5-S-Methode ist es, den Arbeitsplatz so zu gestalten, dass er zu jedem Zeitpunkt von einem Vertreter oder Nachfolger ohne großen Zeit- oder Qualitätsverlust übernommen werden kann.[113] Die 5-S-Methode hat ihren Ursprung im Toyota-Produktionssystem, kann aber auch sehr einfach auf administrative Bereiche übertragen werden:

Seiri – Schaffung von Ordnung

Nicht benötigte Gegenstände (Ordner, Papier, Dateien etc.) sollen aussortiert werden, um Verschwendung in Form von Beständen zu beseitigen. Ebenso sollen überflüssig gewordene Büromöbel ausgelagert oder verkauft werden.[114]

Seiton – Definierung festgelegter Stell- und Arbeitsflächen

Um Suchzeiten und unnötige Bewegungen zu reduzieren, müssen die verbliebenen Dinge so angeordnet werden, dass schnell auf sie zugegriffen werden kann und zwar dort, wo sie auch wirklich benötigt werden. Dabei ist auch auf die Zugriffshäufigkeit zu achten, so dass häufig benötigte Dokumente oder Arbeitsmittel am schnellsten griffbereit sind. Außerdem muss alles seinen festen Platz bekommen,

---

111 Vgl. Imai (1997), S. 64
112 Vgl. Glahn (2007), S. 35
113 Vgl. Kaiser (2001), S. 75
114 Vgl. Glahn (2007), S. 36

der möglichst farblich markiert werden sollte. So wird sofort sichtbar, wenn etwas fehlt.[115] Visualisierung als wichtiges Prinzip von Kaizen spielt hier also eine große Rolle, damit die Ordnung fixiert wird und nicht nach einigen Wochen wieder der alte Zustand vorherrscht.

Hilfsmittel des visuellen Managements sind z. B. so genannte „Shadowboards". Letztere sind Tafeln mit einem definierten Platz für Arbeitsgeräte, Büroutensilien etc. Der Name „Shadowboard" kommt daher, dass in einem beispielsweise aus Moosgummi bestehenden Brett die Umrisse der Bürogeräte gezeichnet sind, die wie ein Schatten ihren richtigen Platz aufzeigen. Auch farbige Markierungen am Boden können z. B. den Standort von Papierkörben oder transportablen Bürogeräten aufzeigen (vgl. Abbildung 3).[116]

Abbildung 3: Beispiele für visuelles Management[117]

Daneben sollte der Arbeitsplatz hinsichtlich einer ergonomischen Anordnung der Büromöbel überprüft werden. Es bietet sich ähnlich wie in der Produktion eine U-förmige Anordnung an, da alles schnell in einem kleinen Radius greifbar ist.[118] Mit Hilfe von so genannten „Spaghetti-Diagrammen" werden die Wege, die ein Mitarbeiter zur Erledigung seiner Arbeit regelmäßig zurücklegt, in einer Karte aufgezeichnet. So kann Verschwendung in Form von Bewegung erkannt und anschließend das Bürolayout optimiert werden. [119]

Um die Kommunikation der Mitarbeiter zu verbessern, sollten evtl. auch Trennwände zwischen Arbeitsplätzen entfernt werden.[120] Man sollte den Mitarbeitern

115 Vgl. Imai (1997), S. 69
116 Vgl. Leikep/Bieber (2004), S. 113
117 Quelle: KAIZEN Institute (2006 e)/ SPS Management Consultants GmbH
118 Vgl. Tapping/Shuker (2003), S. 111
119 Vgl. Leikep/Bieber (2004), S. 103
120 Vgl. Leikep/Bieber (2004), S. 36

allerdings auch einen gewissen Freiraum bei der Gestaltung des eigenen Arbeitsplatzes geben, sofern die 5-S-Grundsätze beachtet werden, da Mitarbeiter unterschiedliche Bedürfnisse haben.[121]

Seiso - Sauberkeit am Arbeitsplatz

Im folgenden Schritt sollen die Arbeitsplätze und -mittel gesäubert werden, was gleichzeitig auch das Überprüfen der Funktionsfähigkeit der vorhandenen Arbeitsmittel bedeutet, da Fehler beim Säubern auffallen.[122] Ziel einer solchen Säuberungsaktion ist aber nicht, dass Mitarbeiter die Aufgaben der Reinigungskräfte übernehmen. Sie sollen dagegen lernen, Verantwortung für einen angenehmen Arbeitsplatz sowie die Funktionsfähigkeit der Arbeitsmittel zu übernehmen.[123]

Seiketsu – persönlicher Ordnungssinn und Standardisierung

In der Literatur existieren zum vierten Schritt zwei Interpretationen: Zum einen soll gemäß der wörtlichen Übersetzung des japanischen Begriffs „Seiketsu" Sauberkeit und Ordnung zur persönlichen Gewohnheit werden, d. h. jeder Mitarbeiter arbeitet ständig an sich selbst, um diese Grundsätze umzusetzen.[124] In anderen Werken wird hier Standardisierung genannt, d. h. es werden Soll-Zustände definiert, wie der Arbeitsplatz beschaffen sein soll.[125] Dazu zählt z. B. ein einheitliches System, um Ordner zu kennzeichnen. Farbenstandards, wie in der folgenden Abbildung, erleichtern die Zuordnung.

Abbildung 4: Standardisiertes Ordnersystem[126]

121 Vgl. Glahn (2007), S. 45
122 Vgl. Imai (1997), S. 69
123 Vgl. Wittenstein (2003), S. 11
124 Vgl. Imai (1997), S. 64
125 Vgl. Tapping/Shuker (2003), S. 89
126 Quelle: SPS Management Consultants GmbH

Shitsuke – Selbstdisziplin und ständige Verbesserung

Es ist wichtig, dass Mitarbeiter die festgelegten Vorschriften und Standards auch wirklich einhalten. Außerdem sollten die Standards in regelmäßigen Abständen überprüft werden, um eventuelle Verbesserungen vorzunehmen.[127] Daher müssen Mitarbeiter in der 5-S-Methode geschult werden und sollten mit Hilfe von Checklisten regelmäßig den Zustand ihres Arbeitsplatzes kontrollieren.

Wirkungen von 5-S

Die 5-S-Methode mag auf den ersten Blick auf alle Beteiligten wie eine banale Aufräumaktion wirken. Allerdings wird durch diese Methode nicht nur die Ausgangsbasis für folgende Verbesserungen geschaffen, sondern auch bis zu 25 % der nicht wertschöpfenden Zeit reduziert.[128] Denn auch wenn die Zeit, die benötigt wird, um einen Ordner aus dem Aktenschrank zu holen, gering erscheint, ist der Zeitverlust durch Hochrechnung auf Jahr und Mitarbeiterzahl enorm.[129] Neben dem eigentlichen Büroarbeitsplatz sollten auch die Festplatten der Computer einer 5-S-Aktion unterzogen werden, um unnötige Datenbestände zu beseitigen und Dateien sinnvoll anzuordnen.[130]

5-S ist also eine wirkungsvolle Methode, um Verschwendungsarten wie Suchzeiten, Bestände und Bewegung zu beseitigen. Das Ausmaß an unnötigen Beständen in administrativen Bereichen ist sehr hoch (siehe auch Abbildung 5): So wurden z. B. bei Langnese-Iglo im Werk Heppenheim bei einer 6-stündigen 5-S-Aktion 60 laufende Meter Ordnerstellfläche, 380 kg aussortierte Akten, 300 kg Papiermüll sowie eine Vielzahl überflüssiger Möbel identifiziert.[131]

127 Vgl. Bartholomay (2007), S. 20
128 Vgl. Tapping/Shuker (2003), S. 89
129 Vgl. Glahn (2007), S. 35
130 Vgl. Leikep/Bieber (2004), S. 46
131 Vgl. Mielke/Kirchberg (2001), S. 101

Abbildung 5: Aussortierte Akten nach einer 5-S-Aktion[132]

Auch wenn Mitarbeiter einer 5-S-Aktion zunächst kritisch gegenüberstehen, sich anfangs nicht gerne in die Gestaltung ihres Arbeitsplatzes hereinreden lassen und es oft als Eingriff in ihre Privatsphäre betrachten, zeigt die Erfahrung, dass sie am Ende die verbesserte Arbeitsplatzgestaltung als positiv und sinnvoll betrachten. Als zusätzliche Motivation wird in manchen Unternehmen z. B. pro Kilogramm entsorgtem Papier Geld für einen wohltätigen Zweck gespendet.[133] Es sollten möglichst auch Vorher- und Nachher-Fotos gemacht werden, um den Mitarbeitern den Erfolg der Aktion vor Augen zu halten.

4.2 Standardisierung der Büroorganisation

Standards sind wie bereits erläutert ein wichtiges Instrument von Kaizen, um den bestmöglichen Arbeitsablauf zu dokumentieren. Sie verhindern wiederholt auftretende Fehler und kontrollieren die Variabilität von Arbeitsabläufen.[134] Allerdings sollte bei der Einführung von Standards auf die unterschiedlichen Bedürfnisse jeder Abteilung geachtet werden, da die Einführung von einheitlichen unternehmensweiten Standards in manchen Abteilungen zu suboptimalen Lösungen führen kann.[135]

4.2.1 Ablagestandards

In den meisten Unternehmen besteht ein großer Handlungsbedarf hinsichtlich Schaffung von Ablagestandards, da meist individuelle Systeme dazu führen, dass

132 Quelle: SPS Management Consultants GmbH
133 Vgl. Glahn (2007), S. 37
134 Vgl. Kaiser (2001), S. 78
135 Vgl. Glahn (2007), S. 52

bei Abwesenheit eines Mitarbeiters ergebnislos nach dem vom internen oder externen Kunden gewünschten Dokument gesucht wird. So wird die Kundenanfrage meist erst bei Rückkehr des Kollegen beantwortet, was die Durchlaufzeit extrem erhöht.[136] Auch wenn Mitarbeiter zunächst auf ihrem persönlichen Ablagesystem beharren wollen, werden sie bald feststellen, dass ihre Arbeit wesentlich angenehmer wird, wenn Informationen sofort griffbereit sind und Kunden schneller zufrieden gestellt werden können. Ihre Arbeit wird stressfreier, wenn verärgerte Kunden und Rückfragen seltener vorkommen.

Es kann hier kein allgemeingültiger Standard genannt werden, da die Ablagestruktur an die jeweiligen Anforderungen der Abteilung angepasst werden muss. Es sollte aber darauf geachtet werden, dass wichtige Daten allen Mitarbeitern zugänglich sind. Ebenso empfiehlt es sich, mit einheitlichen Begriffsdefinitionen zu arbeiten, die sowohl für die Papier- als auch für die EDV-Ablage gelten.[137]

4.2.2 Besprechungsstandards

Besprechungsstandards können die Effizienz von Besprechungen steigern, die oft zu lange dauern oder unnötig sind und so Mitarbeiter von wichtiger Arbeit abhalten. Um langwierige Besprechungen zu vermeiden, kann beispielsweise eine maximale Besprechungsdauer oder Häufigkeit von Besprechungen festgelegt werden. Es wird auch vorgeschlagen, eine Besprechungsecke mit Stehtisch für kurze Besprechungen einzurichten, da dies verhindert, dass Besprechungen zu langwierig werden. Außerdem sollten pro Besprechung nur wenige, wirklich relevante Themen auf der Tagesordnung stehen und auch nur diejenigen Mitarbeiter eingeladen werden, welche von dem Thema betroffen sind. Da es oft vorkommt, dass nicht alle Betroffenen über Ergebnisse informiert werden, sollte ein Protokoll direkt per Mail an die Betroffenen versandt werden. Auch die Umsetzung des Besprochenen ist häufig mangelhaft, daher sollten beispielsweise Zuständigkeiten und Termine zur Wiedervorlage festgelegt werden, um eine konsequente Nachverfolgung zu garantieren.[138]

Bei der Alfmeier Präzision AG, einem Automobilzulieferer, konnte ein Besprechungsstandard erfolgreich eingeführt werden, der kontinuierlich weiterverbessert wurde. So wurden regelmäßige Besprechungsintervalle, z. B. täglich oder wöchentlich für bestimmte Besprechungskreise angesetzt. Besprechungen finden möglichst

136 Vgl. Glahn (2007), S. 52
137 Vgl. Leikep/Bieber (2004), S. 64
138 Vgl. Leikep/Bieber (2004), S. 61 ff.

immer zu gleichen Uhrzeiten in gleichen Räumlichkeiten statt. Durch die Regelmäßigkeit werden ungeplante Besprechungen seltener, was auch die persönliche Zeitplanung vereinfacht, so dass Unpünktlichkeiten reduziert werden.[139]

4.2.3 Arbeits- und Ablaufstandards

Wenn keine einheitlichen Vorgehensweisen existieren, ist mit großen Zeitverlusten zu rechnen, weil der interne oder externe Kunde sich jedes Mal neu auf die ihm gelieferten Informationen einstellen muss, da die Beschaffenheit der Informationen den persönlichen Vorlieben des Lieferanten entspricht. Folglich müssen Arbeits- und Ablaufstandards geschaffen werden, damit jeder Mitarbeiter weiß, was er wie und wann erledigen muss, so dass Rückfragen minimiert werden.[140]

Beispiele sind Checklisten oder Arbeitsanweisungen für spezifische Vorgänge. So können sich auch Aushilfskräfte oder Vertreter schnell und fehlerfrei einarbeiten. Es sollten auch Zuständigkeiten vermerkt werden, z. B. ab welchem Betrag welcher Vorgesetzte bei Angeboten unterschreiben muss. Auch Formulare sollten standardisiert werden, da zum Teil ein hoher Variantenreichtum existiert.[141]

So genannte „One Point Lessons" sind themenbezogene Kurzschulungen, die am Gemba ausgehängt werden. Ein Beispiel ist eine Kurzbedienungsanleitung an Druckern oder Kopierern. Auch wenn dies auf den ersten Blick banal erscheint, so können „One Point Lessons" häufiges Nachfragen oder Fehlbedienen verhindern. Denn oft wird wertvolle Arbeitszeit mit solchen Kleinigkeiten verschwendet.[142] Die folgende Abbildung zeigt, wie eine „One Point Lesson" aussehen kann:

139 Vgl. Bergmeier (2001), S. 148
140 Vgl. Glahn (2007), S. 54
141 Vlg. Leikep/Bieber (2004), S. 64
142 Vgl. KAIZEN Institute (2006 a)

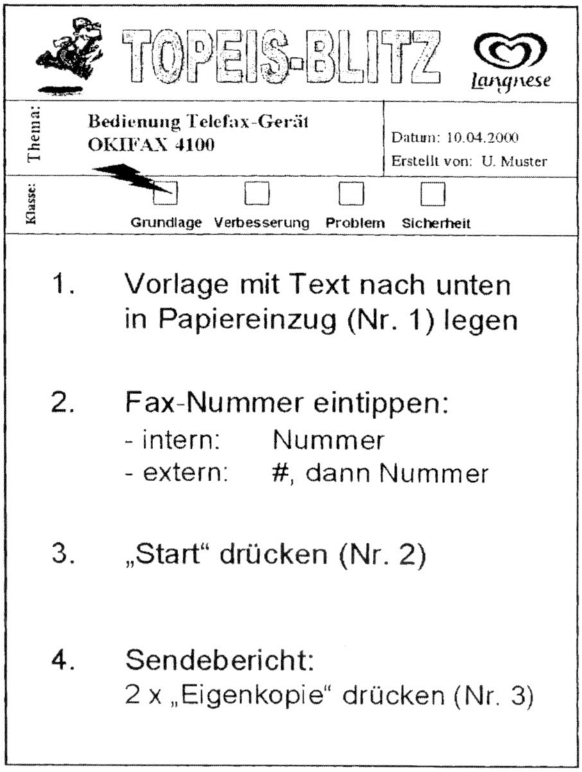

TOPEIS-BLITZ

Langnese

Thema: Bedienung Telefax-Gerät OKIFAX 4100

Datum: 10.04.2000

Erstellt von: U. Muster

Klasse: Grundlage Verbesserung Problem Sicherheit

1. Vorlage mit Text nach unten in Papiereinzug (Nr. 1) legen

2. Fax-Nummer eintippen:
   - intern: Nummer
   - extern: #, dann Nummer

3. „Start" drücken (Nr. 2)

4. Sendebericht: 2 x „Eigenkopie" drücken (Nr. 3)

Abbildung 6: Beispiel für eine „One Point Lesson"[143]

4.2.4 Service-Standards

Service-Standards dienen dazu, die interne und externe Kundenzufriedenheit zu erhöhen. Dazu gehört beispielsweise, eine ständige Erreichbarkeit zu garantieren, indem Telefonate oder E-Mails bei Abwesenheit an die Vertretung weitergeleitet werden. Ein weiterer Service-Standard wäre, dass Anrufe am selben Tag beantwortet werden müssen oder dass Anrufer höchstens einmal weiter verbunden werden dürfen. Letzteres impliziert wiederum eine klare Definition von Zuständigkeiten. Sinnvoll ist auch eine eindeutige Vertretungsregelung und Abwesenheitstafeln, die direkt am Arbeitsplatz aufgestellt werden. Zusätzlich sollten Abwesenheiten zentral für alle zugänglich im Intranet eingetragen werden.[144]

143 Quelle: Bieber (2001), S. 110

144 Vgl. Leikep/Bieber (2004), S. 66 ff.

4.3 Die Teamtafel

Um die Zusammenarbeit von Teams zu optimieren, werden auf einer Teamtafel, die für alle gut ersichtlich im Büro aufgehängt wird, alle wichtigen, das Team betreffenden Informationen visualisiert.[145] So können z. B. Verantwortlichkeiten klar definiert werden, so dass der richtige Ansprechpartner schnell gefunden wird. Auch eine Vertreterregelung sollte hier Platz finden, damit die Durchlaufzeit von Prozessen gering bleibt. Ebenso kann auch die Urlaubsplanung aktiv auf dieser Tafel vorgenommen werden.

Um den Ausbildungsstand von Mitarbeitern zu visualisieren, kann eine Qualifikationsmatrix hilfreich sein. So werden Defizite ersichtlich, die als Anhaltspunkte für Weiterbildungsmaßnahmen dienen. Des Weiteren wird die Einsatzflexibilität der Mitarbeiter deutlich. Auch kann verhindert werden, dass Engpässe dadurch entstehen, dass niemand da ist, der bestimmte Aufgaben erledigen kann.[146] Außerdem können auf der Teamtafel auch Kennzahlen visualisiert werden, damit Soll-Ist-Abweichungen schnell erkannt werden.

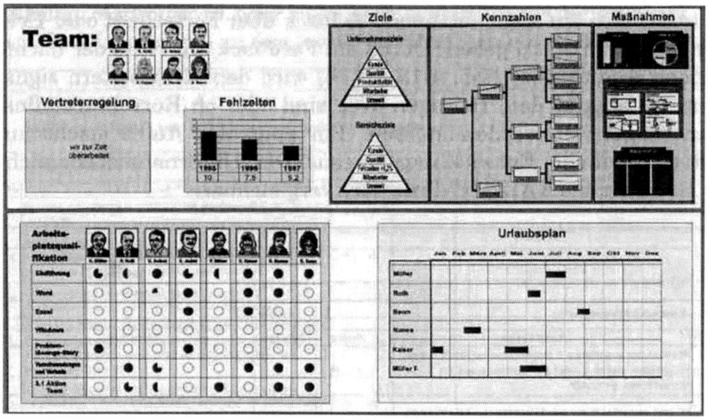

Abbildung 7: Beispiel für eine Teamtafel [147]

4.4 Kanban für Büromaterial

Um Überbestände in Form von Büromaterial abzubauen und eine optimale Versorgung zu garantieren, ist es sinnvoll, ein Kanban-System für Büromaterial einzuführen.

145 Vgl. Bieber (2001), S. 42
146 Vgl. KAIZEN Institute (2008)
147 Quelle: Bieber (2001), S. 43

Die Materialsteuerung durch Kanban hat seinen Ursprung im Toyota Produktionssystem und beruht auf dem Just-in-Time-Prinzip. Das heißt, dass der nachfolgende Prozessteilnehmer (Kunde), nur die Teile, die er wirklich benötigt und in der richtigen Menge zum richtigen Zeitpunkt, von dem ihm vorgelagerten Bereich abholt.[148] Büromaterialien werden also nur nach Bedarf bestellt. Dieses Hol- oder auch Pull-System verringert den Bestand an Büromaterial und spart Lagerfläche.

Es wird zunächst ein Mindestbestand der jeweiligen Büromaterialien definiert. Ist dieser Mindestbestand erreicht, wird eine am Lagerplatz angebrachte Karte entnommen, auf der Angaben wie Artikelnummer, Bestellmenge und Lieferant vermerkt sind (siehe Abbildung 8).

Die Kanban-Karte wird an die Beschaffung weitergegeben, wodurch eine Bestellung gemäß den Informationen auf der Karte ausgelöst wird.[149] Eine Bestellung kann in regelmäßigen Abständen, z. B. einmal wöchentlich durchgeführt werden. Die Kanban-Karten können auch durch einen Behälter ersetzt werden, an dem die Bestellinformationen angebracht sind und der an den Lieferanten weitergegeben wird, sobald er leer ist.[150]

Es ist außerdem sinnvoll, die Variantenvielfalt an Büromaterial zu reduzieren, indem das jeweils beste Produkt als Standard definiert wird. Dies verringert den Verwaltungsaufwand und fördert Mengenrabatte beim Einkauf.[151]

Durch Büromaterial-Kanban können also Kosten gespart werden, Überbestände und Materialknappheit vermieden und benötigter Lagerplatz sowie Suchzeiten minimiert werden.

Abbildung 8: Kanban-Karte und -Behälter für Büromaterial[152]

148 Vgl. Ohno (1993), S. 53
149 Vgl. Dickmann (2007), S. 199 ff.
150 Vgl. Imai (1993), S. 121
151 Vgl. Leikep/Bieber (2004), S. 58
152 Quelle: SPS Management Consultants GmbH

4.5 Verbesserung der Arbeitsprozesse

Methoden wie 5-S oder die Standardisierung der Büroorganisation ermöglichen eine abteilungsinterne Optimierung, tragen aber nicht zu einer Verbesserung der Kunden-Lieferanten-Beziehung bei. Daher müssen im Anschluss unbedingt die abteilungsübergreifenden Prozesse betrachtet werden, mit dem Ziel, dass alle Abläufe in Hinblick auf eine Schaffung von Mehrwert für den Kunden optimiert werden und Informationen und Materialien in einen Fluss gebracht werden.[153]

4.5.1 Auswahl der zu optimierenden Prozesse

Zunächst ist eine Identifikation der prioritär zu analysierenden Prozesse vorzunehmen. Als Auswahlkriterium dient beispielsweise die strategische Relevanz zur Erreichung der Unternehmensziele, die Ressourcenbindung (z. B. die Anzahl der eingesetzten Mitarbeiter) oder das Risikopotenzial des Prozesses.[154] Auch Prozesse mit z. B. einer zu hohen Arbeitsbelastung der Mitarbeiter können als Ansatzpunkt für Verbesserungsmaßnahmen dienen.

Besonders zu Beginn ist es außerdem sinnvoll, mit Prozessen zu anzufangen, die sich oft und gleichmäßig wiederholen, da sich dort Effekte deutlicher ableiten lassen. Andererseits kann jedoch auch die Analyse von unregelmäßig nachgefragten Prozessen, die aufgrund von mangelnder Routine der Mitarbeiter sehr störanfällig sind, wirkungsvoll sein, wenn diese für den Unternehmenserfolg entscheidend sind. Durch die Standardisierung und Stabilisierung solcher Prozesse können wichtige Wettbewerbsvorteile entstehen.[155]

Des Weiteren sollte man sich besonders auf Prozesse konzentrieren, die Wertschöpfung für den Kunden schaffen, die sich in Qualität, Kosten und Termintreue widerspiegelt. Hier sind die Angebotserstellung (Demand-to-Order), Beschaffung (Purchase-to-Pay), Auftragsabwicklung (Order-to-Cash) und die Entwicklung (Concept-to-Launch) zu nennen. In diesen Prozessen sind ein hohes Maß an Flexibilität sowie eine kurze Durchlaufzeit wichtig. Prozesse, die eher eine steuernde Funktion haben und keinen direkten Mehrwert für den Kunden schaffen, sind z. B. solche im Bereich des Personalwesens und Controlling.[156]

153 Vgl. Glahn (2007), S. 60
154 Vgl. Wagner/Patzak (2007), S. 81
155 Vgl. Wiegand/Nutz (2007), S. 30
156 Vgl. Laqua (2005), S. 2

Ist der zu verbessernde Prozess ausgewählt, sollte möglichst ein Ziel festgelegt werden, um die Verbesserungsmaßnahmen zielgerichteter zu gestalten. Ein solches Ziel wäre z. B., die Durchlaufzeit bei dem Prozess der Angebotserstellung so zu reduzieren, dass der Kunde innerhalb von fünf Arbeitstunden nach Eintreffen seiner Anfrage ein Angebot erhält.[157]

4.5.2 Analyse des Ist-Zustands

4.5.2.1 Prozessvisualisierung: Prozessmapping und Wertstromdesign

Zuerst muss im Sinne der Planungsphase des PDCA-Zyklus eine sorgfältige Ist-Analyse des ausgewählten Prozesses vorgenommen werden, um im Anschluss daran Verbesserungsmaßnahmen hinsichtlich des definierten Ziels entwickeln zu können. Zur besseren Transparenz wird der Prozess visualisiert. Dies geschieht mit Hilfe von Prozessmapping oder Wertstromdesign.

Durch die Visualisierung werden die einzelnen Prozessschritte übersichtlich dargestellt, wodurch viele Mitarbeiter die Prozesse, an denen sie täglich beteiligt sind, oft erst richtig kennen lernen. Denn meist erledigen sie routiniert ihre Aufgaben, ohne den genauen Zweck oder die Auswirkungen ihrer Tätigkeiten auf andere Prozessteilnehmer zu verstehen.[158] Die übersichtliche graphische Darstellung macht Mitarbeitern bewusst, wie ihre Tätigkeit den nachgelagerten Prozess beeinflusst und sensibilisiert sie für Probleme der anderen Prozessteilnehmer.[159] Außerdem werden durch die Visualisierung Probleme ersichtlich, die sonst unentdeckt geblieben wären und richtungweisend für Verbesserungsmaßnahmen sind.

Prozessmapping

Prozessmapping ist eine Methode der Visualisierung, bei welcher der Prozess mit einfachen Hilfsmitteln, wie einer Pinnwand und farbigen Zetteln, dargestellt wird. In der linken Spalte werden die Namen der betroffenen Mitarbeiter oder Abteilungen dargestellt und in der rechten Spalte die dazugehörigen Tätigkeiten in zeitlicher Reihenfolge (siehe Abbildung 9).[160] Des Weiteren können noch die benötigten Hilfsmittel oder Kennzahlen wie die Bearbeitungs- und Durchlaufzeiten zu

157 Vgl. Leikep/Bieber (2004), S. 97
158 Vgl. Tonkin (2007 b), S. 16
159 Vgl. Mobilia-Witte/Huls (2007), S. 45
160 Vgl. Bieber (2001), S. 34

den einzelnen Schritten ergänzt werden. Mit Hilfe von Prozessmapping kann man also übersichtlich darstellen, wer, wie, was, wie lange macht.[161] Dadurch werden Arbeitsflüsse sowie Verantwortungswechsel transparent gemacht.[162] Die Methode ist sehr einfach und kann daher gut von jedem Mitarbeiter im Rahmen eines Workshops angewendet werden.

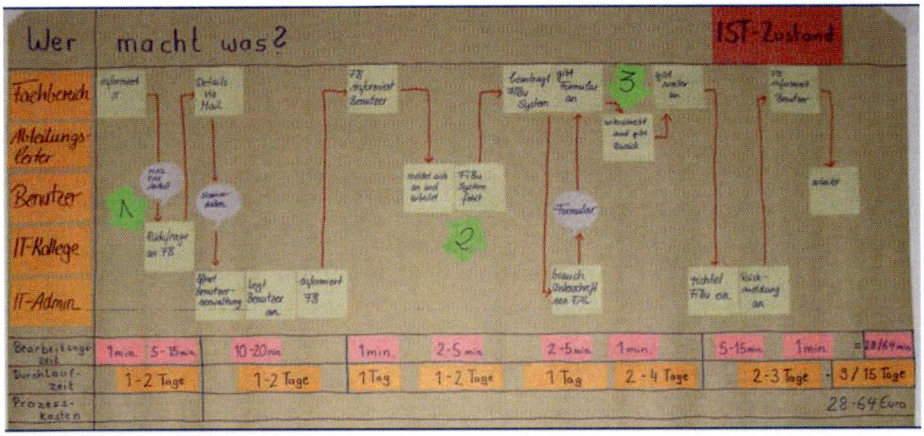

Abbildung 9: Prozessmapping[163]

Wertstromdesign

Beim Wertstromdesign, das aus dem Toyota-Produktionssystem stammt, handelt es sich wie beim Prozessmapping um eine Methode der Prozessvisualisierung. Allerdings geht diese Methode über einfaches Prozessmapping hinaus: Es wird der gesamte Wertstrom, d.h. alle Aktivitäten, die zur Erstellung eines Produktes oder einer Dienstleistung notwendig sind, betrachtet. Dies wäre z.B. der Prozess der Auftragsbearbeitung vom Eintreffen des Auftrags bis zur Bezahlung durch den Kunden. Dadurch liegt der Fokus auf der Interaktion verschiedener Teilprozesse des gesamten Wertstroms, anstatt dass nur lokale Optimierungen einzelner Prozesse vorgenommen werden.[164]

Ziel der Wertstromanalyse ist es, zunächst nicht wertschöpfende Elemente zu eliminieren und im Anschluss die gesamte Wertschöpfungskette durch Schnittstellenmanagement sowie eine Optimierung der Informationsflüsse in einen

161 Vgl. KAIZEN Institute (2006 b)
162 Vgl. Wittenstein (2006 b)
163 Quelle: KAIZEN Institute (2006 b)
164 Vgl. Wittenstein (2004), S. 11

kontinuierlichen, kundenorientierten Fluss zu bringen und so die Durchlaufzeit zu verkürzen.[165] Der Ausgangspunkt einer Wertstromanalyse ist der Kunde und es soll versucht werden, den Prozess an seine Bedürfnisse anzupassen. Daher muss definiert werden, wer genau der Kunde ist und welches Produkt er zu welchem Zeitraum in welcher Qualität nachfragt.[166]

Im Anschluss daran werden die einzelnen Prozessschritte ausgehend vom Kundenbedarf rückwärts dargestellt und zu jedem Schritt verschiedene Kennzahlen erfasst.[167] Während bei der traditionellen Wertstromanalyse in der Produktion Kennzahlen wie Rüstzeiten, Bestandsmengen oder Ausschussraten verwendet werden, können diese natürlich nicht unverändert auch in administrativen Bereichen angewandt werden und müssen je nach Besonderheit des Prozesses ausgewählt werden.

Außerdem werden Problemfelder wie Rückfragen oder Nacharbeitsschleifen markiert, die dann als Ansatzpunkte für die anschließenden Verbesserungsmaßnahmen dienen.[168] Des Weiteren werden die Informationsflüsse und die Art und Weise der Informationsweitergabe festgehalten, d. h. ob Informationen nur auf Anfrage (Pull-Prinzip) oder automatisch, ohne dass ein Bedarf geäußert wird (Push-Prinzip), bereitgestellt werden.[169] Auch die Häufigkeit der Informationsweitergabe kann interessant sein, d. h. ob z. B. Rechnungen nur montags bearbeitet werden und es so zu einer stapelweisen Bearbeitung kommt.[170]

Am Ende soll der gesamte Prozess übersichtlich auf einem Blatt Papier dargestellt werden und dem Betrachter erlauben, Schwachstellen zu identifizieren. Ziel der Wertstromanalyse ist insbesondere die Reduzierung der Durchlaufzeit. Die folgende Abbildung zeigt eine Wertstromanalyse am Beispiel der Auftragsbearbeitung bei Thyssen Krupp.[171] Für die einzelnen Prozessmaße werden zur Veranschaulichung verschiedene Symbole verwendet, wie z. B. in dieser Abbildung ein Dreieck für Auftragsbestände zwischen zwei Prozessschritten.

165 Vgl. Syska (2006), S. 175
166 Vgl. Wittenstein (2004), S. 11
167 Vgl. Gienke/Kämpf (2002)
168 Vgl. Wiegand/Nutz (2007), S. 31
169 Vgl. Tapping/Shuker (2003), S. 58
170 Vgl. Keyte/Locher (2004), S. 27
171 Vgl. Löffler (2007)

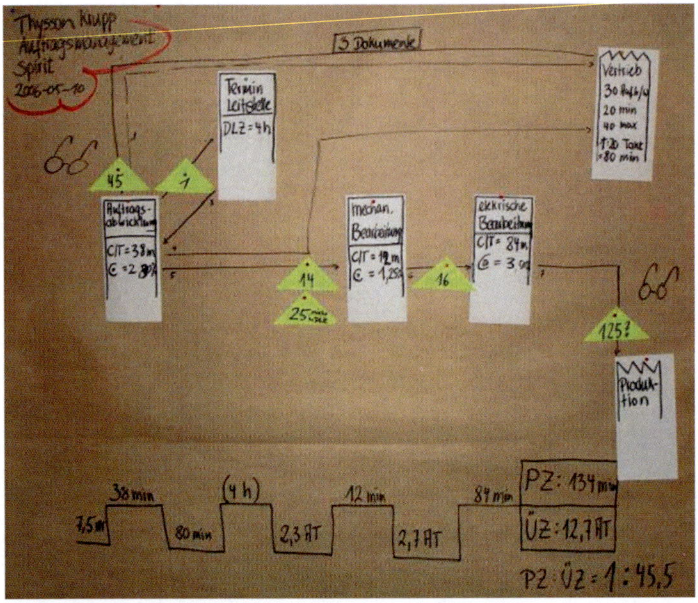

Abbildung 10: Wertstromanalyse am Beispiel des Auftragsmanagements bei Thyssen Krupp[172]

4.5.2.2 Erfassung von Kennzahlen

Neben einer einfachen Visualisierung der Prozessschritte kann die Darstellung noch durch verschiedene Kennzahlen ergänzt werden, um eine zusätzliche Prozesstransparenz zu schaffen. Kennzahlen ermöglichen eine objektive, regelmäßige Überprüfung der Wirksamkeit vorgenommener Maßnahmen.[173] Insbesondere die Erfassung von zeitorientierten Kennzahlen ist ein wichtiger Bestandteil der Wertstromanalyse.

Zeitorientierte Kennzahlen

Bearbeitungszeit: Die Bearbeitungszeit ist die Zeit, die man zur Erledigung eines Arbeitsschrittes benötigt. Dabei geht man davon aus, dass man bei der Bearbeitung nicht unterbrochen wird und alle benötigten Informationen vorhanden sind.[174]

Übergangszeit: Die Übergangszeit setzt sich aus Warte-, Transport-, oder Suchzeiten zusammen. So kommt es besonders in administrativen Bereichen oft zu

172 Quelle: Löffler (2007)
173 Vgl. Wesoly (2006), S. 53
174 Vgl. Wiegand/Nutz (2007), S. 32

Unterbrechungen, da Mitarbeiter durch Anrufe, Mails oder vorbeikommende Kollegen gestört werden. Außerdem werden Informationen häufig vom internen Lieferanten nicht pünktlich geliefert oder müssen erst mühsam zusammengesucht werden.[175]

Rüstzeit: Dieser Begriff stammt aus der Produktion und umfasst die Zeit, die benötigt wird, um einen Arbeitsplatz oder eine Maschine so vorzubereiten, dass der nächste Auftrag durchgeführt werden kann. Übertragen auf Verwaltungsbereiche ist die „Rüstzeit" die Zeit, die aufgebracht werden muss, um von einer Tätigkeit zu einer anderen zu wechseln.[176] So kann es z.B. sein, dass man erst die benötigten Dokumente aus einer zentralen Datenbank herunterladen muss, bevor man mit der Arbeit beginnen kann. Keyte und Locher berichten von einem Unternehmen, in dem Vertriebsmitarbeiter sechs Schritte benötigten, um von dem Bildschirm der Auftragseingabe zum Bildschirm der Bestandsübersicht zu gelangen. Wenn dies 50 Mal am Tag vorkommt, ist der Zeitaufwand in der Summe nicht unerheblich.[177]

Man kann auch von einer „mentalen Rüstzeit" sprechen, wenn Mitarbeiter ständig bei ihrer Arbeit unterbrochen werden und sich immer wieder neu in eine Aufgabe hineindenken müssen. Die Zeit dafür kann kaum gemessen werden, allerdings kann schon allein das Bewusstsein für die Existenz dieser Rüstzeit zu Verbesserungsideen führen.

Rückfrage- und Nacharbeitszeit: Zur Messung der Rückfragezeit kann z.B. die Häufigkeit der Rückfragen und die Zeit, welche für die Anfrage benötigt wird, bestimmt werden. Gleiches gilt auch für Nacharbeit, d.h. das Zurückspringen zu einem vorhergehenden Prozessschritt aufgrund von Fehlern oder Änderungen.[178]

Durchlaufzeit: Die Durchlaufzeit errechnet sich aus der Summe von Bearbeitungs-, Übergangs-, Rückfrage- und Nacharbeitszeit. Sie drückt aus, wie lange es insgesamt dauert, einen Kundenwunsch zu erfüllen, d.h. wie lange der gesamte Prozess aus Sicht des Kunden dauert, bis er das von ihm gewünschte Produkt erhält.[179] Aufschluss über die Effizienz der Prozesse gibt insbesondere das Verhältnis von Bearbeitungszeit zu Durchlaufzeit.

---

175 Vgl. Wiegand/Nutz (2007), S. 32
176 Vgl. Keyte/Locher (2004), S. 26
177 Vgl. Keyte/Locher (2004), S. 27
178 Vgl. Wiegand/Nutz (2007), S. 33
179 Vgl. Wiegand/ Nutz (2007), S. 36

Qualitätsorientierte Kennzahlen

Neben den genannten zeitorientierten Kennzahlen existieren auch qualitätsorientierte Kennzahlen wie die Termintreue oder die Reklamationsrate. Während die Termintreue nur die zeitliche Qualität misst, berücksichtigt die Reklamationsrate auch andere Elemente wie Vollständigkeit oder inhaltliche Qualität.[180] Außerdem sind weitere abteilungsspezifische qualitätsorientierte Kennzahlen denkbar. Dies wäre in der Entwicklung z. B. die Anzahl der notwendigen Änderungen an dem Entwurf, nachdem dieser schon für die Produktion freigegeben wurde.[181] Für den Vertrieb bzw. die Logistik ist beispielsweise die Anzahl von ungeplanten Eillieferungen, die als Ausgleich von zeitlichen Rückständen dienen, als Kennzahl denkbar. In der Kennzahl Termintreue werden diese Rückstände nicht mehr berücksichtigt, da der Kunde die Ware am Ende trotzdem pünktlich erhält.

Sinnvoller Einsatz von Kennzahlen

Neben den genannten Kennzahlen existieren noch viele weitere Kennzahlen, abhängig von den spezifischen Eigenschaften des zu untersuchenden Prozesses. Man sollte nicht versuchen, alle Kennzahlen zu verwenden, sondern nur diejenigen, welche die strategischen Ziele des Unternehmens unterstützen. Wenn z. B. das Ziel ist, die Servicequalität zu erhöhen und die Liefertreue zu verbessern, sind Durchlaufzeit, Termintreue oder die Anzahl von Fehlern sinnvolle Kennzahlen.[182]

Allerdings können Kennzahlen auch negative Auswirkungen haben, wenn sie nicht sinnvoll eingesetzt werden. Kennzahlen müssen so gewählt werden, dass sie für alle Mitarbeiter leicht verständlich sind, ansonsten können Akzeptanzprobleme die Folge sein. Besonders die auf die Kennzahlen wirkenden Einflussgrößen müssen bekannt sein, da die Kennzahlen alleine nur wenig über erzielte Verbesserungen oder Verschlechterungen aussagen.[183]

Außerdem ist in manchen Fällen der Aufwand für das Messen von teilweise sehr geringen Zeitvorteilen, die erzielt werden, so hoch, dass ein Teil des Nutzens wieder neutralisiert wird. Es muss daher von Fall zu Fall abgewogen werden, ob die Messung von Kennzahlen wirklich nutzbringend ist. In jedem Fall muss der Aufwand für die Erfassung der Kennzahlen möglichst gering sein, da die Erfassung

180 Vgl. Wesoly (2006), S. 63
181 Vgl. Keyte/Locher (2004), S. 29
182 Vgl. Tapping/Shuker (2003), S. 70
183 Vgl. Wiegand/Nutz (2007), S. 125

keine Wertschöpfung aus Sicht des Kunden und somit Verschwendung darstellt.[184] Folglich sollte die Anzahl der Kennzahlen minimiert werden und die Zeit für die Datenerhebung durch z. B. IT reduziert werden. Zu viele Kennzahlen stiften Verwirrung und lenken von der eigentlichen Prozessverbesserung ab.

Ferner besteht die Gefahr, dass Mitarbeiter durch die Kennzahlenmessung in eine Situation gebracht werden, in der sie das Gefühl haben, sich rechtfertigen zu müssen.[185] So kann es sein, dass Mitarbeiter zukünftig zu weniger Eigenverantwortung bereit sind, wenn Sie den Eindruck haben, dass die Kennzahlen zu ihrer Leistungskontrolle verwendet werden. Dies widerspricht allerdings dem Grundverständnis von Kaizen, da grundsätzlich jede Idee, die zur Verbesserung beiträgt, egal ob sie direkt messbar ist oder nicht, als gut angesehen werden soll. Kennzahlen können also den Mitarbeitern bei der Optimierung helfen, aber nur, wenn Vorgesetzte sie nicht dazu benutzen, Mitarbeiter zu diskreditieren.[186] Stattdessen muss ein Klima geschaffen werden, in dem Mitarbeiter keine Angst haben, ihre Ideen vorzustellen.

4.5.3 Mögliche Maßnahmen zur Prozessverbesserung

4.5.3.1 Eliminierung nicht wertschöpfender Tätigkeiten

Die Eliminierung von nicht wertschöpfenden Tätigkeiten oder Prozessschritten ist unerlässlich, um einen höheren internen und externen Kundennutzen zu erzielen.[187] Um solche Prozessschritte zu identifizieren, müssen sie je nach Wertschöpfungsgrad in Nutz-, Stütz- und Blindleistungen von Prozessen kategorisiert werden.[188]

Nutzleistungen tragen direkt zur Wertschöpfung bei und sollten daher optimiert werden. Ein Beispiel ist die Bearbeitung eines Kundenauftrages.

Stützleistungen sind unverzichtbare Aktivitäten, die Kosten verursachen, aber nur indirekt zur Wertschöpfung beitragen, indem sie die Nutzleistungen unterstützen. Dazu zählt z. B. die Erfüllung von Vorschriften, Controlling sowie die Kommunikation oder der Informationstransfer zwischen beteiligten Prozessteilnehmern.

---

184 Vgl. Wesoly (2006), S. 56 ff.
185 Vgl. Glahn (2007), S. 111
186 Vgl. Wesoly (2006), S. 58
187 Vgl. Bieber (2001), S. 16
188 Vgl. Schmelzer/Sesselmann (2003), S. 86

Da Stützleistungen nicht vom externen Kunden wahrgenommen werden und er dafür keinen höheren Preis bezahlen würde, sollten diese auf ein notwendiges Maß reduziert werden.[189]

Blindleistungen erzeugen dagegen keinen Wert und stellen Verschwendung dar, die eliminiert werden muss.[190] Dabei handelt es sich beispielsweise um Leistungen, die bereits in einem anderen Prozess erstellt wurden oder um Arbeitschritte, die aufgrund von überflüssigen, veralteten Vorschriften entstanden sind. Genaue Beispiele wurden schon in Kapitel 3.3 aufgezeigt.

4.5.3.2 Reduzierung von Schnittstellen

Aufgaben zusammenfassen oder verschieben

Um Schnittstellen zu reduzieren, kann es sinnvoll sein, Aufgaben zusammenzufassen oder zu verschieben.[191] Oft werden von Vorgesetzten sehr kleine Aufgaben an die Mitarbeiter abgegeben, wie das Anlegen eines Datenblattes im System, das nur wenige Minuten dauert. Auch wenn die Entlastung Vorgesetzter von solchen administrativen Aufgaben sinnvoll sein kann, führt dies in Fällen, wo Mitarbeiter nur einen punktuellen Einblick in den Gesamtprozess besitzen, häufig zu Rückfragen und so zu unnötigen Schnittstellen und Wartezeiten. Es sollte daher immer überlegt werden, ob die Mitarbeiter eine ausreichende Schulung für die Erledigung der Aufgaben besitzen und die Arbeitsteilung wirklich sinnvoll ist und zum gewünschten Ziel führt.[192]

Genehmigungsschleifen verkürzen

In anderen Fällen kann es dagegen sinnvoll sein, Aufgaben an Mitarbeiter abzugeben und ihnen insbesondere mehr Entscheidungskompetenz zu übertragen. Dies betrifft vor allem Genehmigungs- und Freigabeprozesse. Es sollte geprüft werden, ob die Zustimmung des Vorgesetzten wirklich notwendig ist, da durch überflüssige Genehmigungen sowohl die Arbeitsbelastung von Führungskräften als auch die Durchlaufzeit erheblich erhöht wird, z. B. im Falle einer längeren Abwesenheit des Genehmigenden.[193]

189 Vgl. Schneider (2006), S. 12
190 Vgl. Womack/Jones (2004), S. 29
191 Vgl. Wiegand/Nutz (2007), S. 64
192 Vgl. Wiegand/Nutz (2007), S. 66
193 Vgl. Wiegand/Nutz (2007), S. 76

Wenn Genehmigungsschleifen nicht gänzlich abgeschafft werden können, kann zumindest deren Häufigkeit reduziert werden, indem Mitarbeiter z. B. bis zu einer bestimmten Budgetgrenze eigenständig Entscheidungen treffen können.[194] Des Weiteren kann z. B. eine gute Vertreterregelung verhindern, dass bei Abwesenheit des Unterzeichners der Prozess zum Erliegen kommt.

Häufig sind auch sehr viele Unterzeichner an einem Genehmigungs- oder Freigabeverfahren beteiligt. Die Anzahl der Unterzeichner sollte kritisch daraufhin überprüft werden, ob ein weiterer Unterzeichner überhaupt noch die Entscheidung ändern oder eine Qualitätssteigerung bewirken kann.[195]

Um den Genehmigungsprozess weiter zu beschleunigen, können die Genehmigungen elektronisch im Rahmen eines Workflowsystems durchgeführt werden, wie es heute in vielen Unternehmen schon der Fall ist.[196]

Räumliche Nähe und Teambildung

Indem Mitarbeiter oder ganze Abteilungen, die häufig zusammenarbeiten, räumlich nah aneinander platziert werden, können ebenfalls negative Schnittstelleneffekte minimiert werden. Wenn beispielsweise ein Auftrag von drei verschiedenen Mitarbeitern einer Abteilung nacheinander bearbeitet wird, kann durch Schaffung von räumlicher Nähe dieser Mitarbeiter Verschwendung in Form von Bewegung und Wartezeit reduziert werden.[197] Außerdem bietet sich z. B. bei der Auftragsbearbeitung die Bildung von Kunden-Service-Teams an, in denen Mitarbeiter, die für die Auftragsbearbeitung zuständig sind und solche, die den technischen Support machen, in einem Team zusammenarbeiten.[198] In einem solchen Auftragszentrum sind die Aufgaben prozessorientiert und nicht funktionsorientiert verteilt.[199]

Auf unternehmensweiter Ebene kann man sogar soweit gehen, dass Unternehmen in produktbezogene Einheiten aufgeteilt werden, die jeweils selbständig agieren.[200] Diese strategischen Geschäftseinheiten sind jeweils mit Funktionen wie Vertrieb, Einkauf und Konstruktion ausgestattet. Nur Funktionen wie Personalwesen, Kommunikation etc. sind noch zentral angeordnet. Die extremste Form

---

194 Vgl. Wiegand/Nutz (2007), S. 66
195 Vgl. Wiegand/Nutz (2007), S. 77
196 Vgl. Hagford/Dale/Tonking (2007), S. 37
197 Vgl. Tapping/Shuker (2003), S. 111
198 Vgl. Keyte/Locher (2004), S. 58
199 Vgl. Wiegand/Nutz (2007), S. 88
200 Vgl. Glahn (2007), S. 102

dieser Organisationsstruktur ist die Abspaltung einer Unternehmenstochter.[201] Laut Glahn ist die Änderung der Aufbauorganisation unbedingt notwendig, um die Einführung eines kontinuierlichen Verbesserungsprozesses zu unterstützen.[202] Dadurch, dass die Einheiten eigenverantwortlich handeln und flexibler sind, werden Entscheidungen beschleunigt und Verschwendung, die aus einer starren Firmenpolitik resultiert, vermieden.[203]

4.5.3.3 Minimierung von Rückfragen und Nacharbeit

Schnittstellenbeschreibung

Um Rückfragen und Nacharbeit zu minimieren, sollten Schnittstellen, sofern sie nicht vermeidbar sind, mit Hilfe einer Schnittstellenbeschreibung präzisiert werden. Darin wird neben der Benennung von Kunde und Lieferant definiert, was an dieser Schnittstelle übergeben wird und in welcher Form die Übergabe stattfindet (z. B. per Mail, Formular oder mündlicher Absprache).[204] Auch die gewünschte Qualität der Informationen sollte präzisiert werden. So muss z. B. der Mitarbeiter, der Angebote erstellt, die vollständigen Kundenanforderungen kennen. Nur wenn der Vertrieb ihm diese Informationen vollständig liefert, kann ein umfassendes Angebot erstellen. Um abzusichern, dass die gewünschte Qualität auch beibehalten wird, sollten Checklisten oder einheitliche Formulare erstellt werden.[205] All dies sollte im Gespräch zwischen internem Kunden und Lieferanten geschehen, um ihre Zusammenarbeit zu optimieren.

Poka Yoke

Poka Yoke bedeutet übersetzt so viel wie „narrensicher" und ist eine aus der Produktion stammende Methode, bei der Prozesse so gestaltet werden, dass unbeabsichtigte Fehler sofort sichtbar werden bzw. Fehler gar nicht erst entstehen können.[206] So werden z. B. Maschinen so eingestellt, dass sie sofort stoppen, sobald ein Fehler auftritt.[207] Ein weiteres Beispiel sind Disketten, deren geometrische Form so gestaltet ist, dass es nur möglich ist, sie auf eine bestimmte Art und Weise in das

201 Vgl. Dickmann (2007), S. 81
202 Vgl. Glahn (2007), S. 93
203 Vgl. Dickmann (2007) S. 82
204 Vgl. Wagner/Patzak (2007)
205 Vgl. Wiegand/Nutz (2007), S. 79
206 Vgl. Kämpf/Agboghoroma/Gauggel (2006)
207 Vgl. Imai (1997), S. 97

Diskettenlaufwerk einzuschieben. So wird eine Beschädigung der Diskette oder des Diskettenlaufwerks verhindert.[208]

Poka Yoke lässt sich auch auf die Verwaltung übertragen, indem beispielsweise ein EDV-Programm den nächsten Bearbeitungsschritt nur zulässt, wenn alle definierten Pflichtfelder ausgefüllt sind.[209] So können z. B. unvollständig ausgefüllte Formulare vermieden werden. Auch Checklisten dienen zur Fehlervermeidung im Sinne von Poka Yoke und reduzieren Nacharbeit und Rückfragen.

4.5.3.4 Beseitigung von Engpässen

Ein Engpass ist eine Stelle im Prozess, an der dieser dem Kapazitätsbedarf des Gesamtprozesses nicht gerecht wird. Das bedeutet, dass sich unbearbeitete Vorgänge oder E-Mails ansammeln, da die Mitarbeiter auch bei maximalem Arbeitseinsatz nur eine bestimmte Menge an Informationen bearbeiten können.[210] Oft müssen Überstunden eingelegt werden, da Mitarbeiter tagsüber damit beschäftigt sind, den Rückstand bei der E-Mail-Bearbeitung aufzuholen und zudem noch ständig durch Anrufe bei der Arbeit gestört werden. Da solche Engpässe zu „Muri", d. h. zu einer Überlastung der Mitarbeiter führen und den Arbeitsfluss stören, müssen sie beseitigt werden.

Wiegand und Nutz unterscheiden zwischen zeitlichen, organisatorischen und fachlichen Engpässen.[211] Zeitliche Engpässe treten insbesondere in der Urlaubszeit oder bei Krankheitsfällen sowie noch unbesetzten Stellen auf, aber auch bei schlecht gestalteten Prozessen, die die Mitarbeiter lange aufhalten. Fachliche Engpässe entstehen durch mangelhafte Qualifikation der Mitarbeiter, die dadurch länger für die Erledigung der Aufgaben benötigen. Organisatorische Engpässe beruhen weniger auf einer Überlastung der Mitarbeiter, sondern beispielsweise auf einer mangelhaften Vertreterregelung wie bei der vorher beschriebenen Genehmigungsproblematik.

Bei zeitlichen Engpässen existieren in der Praxis meist keine Methoden zur Anpassung der Kapazität, es wird stattdessen eine Priorisierung der dringendsten Aufgaben vorgenommen und die weniger wichtigen Aufgaben bleiben vorerst unbearbeitet.[212]

---

208 Vgl. Deutsche MTM-Vereinigung e.V. (2003)
209 Vgl. Wiegand/Franck (2006), S. 97
210 Vgl. Glahn (2007), S. 17
211 Vgl. Wiegand/Nutz (2007), S. 74
212 Vgl. Wittenstein (2006 b), S. 72

Zur Entlastung kommen ansonsten Maßnahmen wie flexible Arbeitszeiten, Teilzeitarbeit oder Arbeit auf Abruf in Frage.

Des Weiteren ist es sinnvoll, Mitarbeiter so zu schulen, dass sie flexibel einsetzbar sind, d. h. leichter bei Abwesenheit der Kollegen einspringen können. Letzteres wird auch durch die bereits beschriebenen Arbeits- und Ablaufstandards erleichtert.[213] Durch die höhere Flexibilität kann die Arbeit in Teams erledigt werden, wodurch eine gleichmäßigere Verteilung der Arbeitsbelastung auf alle Mitarbeiter erzielt werden kann. So können sich Mitarbeiter bei Kapazitätsengpässen gegenseitig unterstützen.

Da Mitarbeiter ihre Arbeit häufig durch Anrufe etc. unterbrechen müssen, können „störungsfreie" Zeiten eingerichtet werden, d. h. Mitarbeitern wird abwechselnd ermöglicht, ihr Telefon für z. B. eine Stunde auf Kollegen weiterzuleiten. So kann beispielsweise Zeit für die Erledigung komplexerer Aufgaben, wie die Erstellung kundenspezifischer Angebote, geschaffen werden.[214]

Da eine stoßweise Bearbeitung zu Kapazitätsengpässen bei nachgelagerten Prozessteilnehmern führen kann (siehe Punkt 3.3.5), kann es außerdem sinnvoll sein, Zeitfenster festzulegen, in denen bestimmte Tätigkeiten regelmäßig erledigt werden. Die folgende Abbildung zeigt eine solche Aktivitätentafel. Die Visualisierung hat den Vorteil, dass die regelmäßige Erledigung der Aufgaben nicht vergessen wird. Andererseits ist es fraglich, ob eine genaue Festlegung von Zeiten wie auf der Abbildung wirklich sinnvoll ist, da im administrativen Bereich der Tagesablauf nicht so vorhersehbar ist und verschiedene Aufgaben dazwischenkommen können. Vielleicht wäre es daher sinnvoller, nur die täglich zu erledigenden Aufgaben aufzulisten, die zeitliche Aufteilung jedoch dem einzelnen Mitarbeiter zu überlassen.

---

213 Vgl. Keyte/Locher (2004), S. 73
214 Vgl. Wiegand/Nutz (2007), S. 95

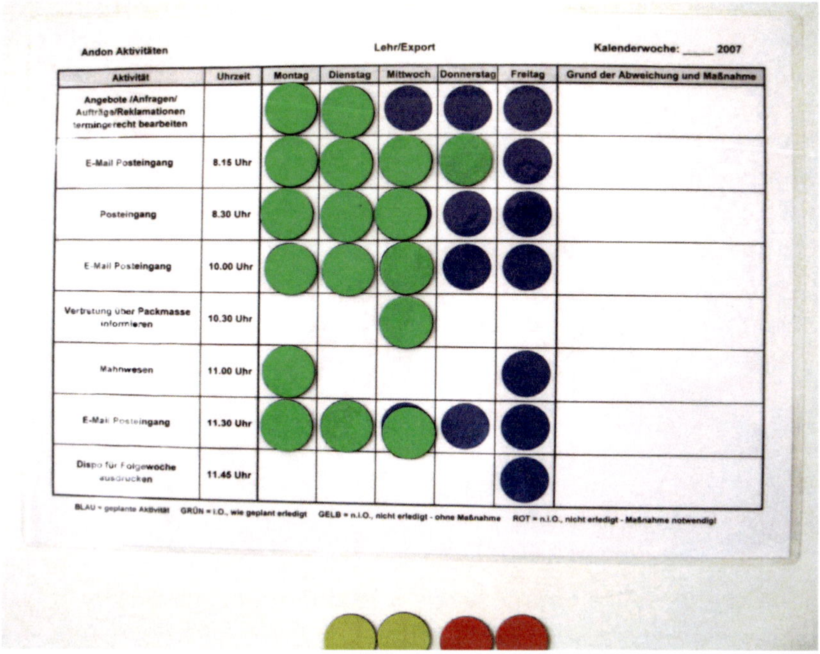

Abbildung 11: Aktivitätentafel mit vorgegebenem Arbeitsrhythmus[215]

4.5.3.5 Einrichtung bedarfsgesteuerter Prozesse

Um Kapazitätsengpässe weiter zu reduzieren und den Prozess in einen Fluss zu bringen, können bedarfsgesteuerte Prozesse eingeführt werden. Die Abarbeitung von z. B. Aufträgen geschieht dabei nach dem bereits beim Büromaterial-Kanban vorgestellten Pull-Prinzip. Die vorgelagerte Stelle stellt nur das bereit, was der nachfolgende Prozessteilnehmer auch wirklich benötigt.[216] So wird der Arbeitsfluss nicht gestört, weil man nur kurz einen Blick auf jeden neu ankommenden Geschäftsvorfall wirft.

Zur bedarfsorientierten Prozesssteuerung kann ein Ampelsystem genutzt werden:[217] Eingehende Anfragen oder Aufträge werden je nach Informationsstand oder anderen Kriterien wie z. B. Liefertermin einer Ampelfarbe zugeordnet. Mit „Grün" gekennzeichnete Vorgänge sind solche, die als nächstes bearbeitet werden können, weil alle für die Bearbeitung notwendigen Informationen vorhanden sind

---

215 Quelle: SPS Management Consultants GmbH
216 Vgl. Wiegand/Nutz (2007), S. 84
217 Vgl. Wiegand/Nutz (2007), S. 80

oder der Liefertermin naht. „Rot" bedeutet, dass der Vorgang noch nicht bearbeitet werden soll, da beispielsweise der Informationsstand noch zu niedrig ist und bei „Gelb" existiert an einigen Stellen noch Klärungsbedarf.

Die zu bearbeitenden Vorgänge können von den Mitarbeitern in einer zentralen Datenbank oder einem Workflowsystem zur Bearbeitung abgerufen werden. Dies geschieht nach dem FIFO-Prinzip (First in – First out), d. h. die zuerst eingegangenen Vorgänge im grünen Bereich werden zuerst bearbeitet.[218] Es muss darauf geachtet werden, dass die als „rot" oder „gelb" markierten Vorgänge nicht liegen bleiben, sondern nach und nach so präzisiert werden, dass auch sie zur Bearbeitung freigegeben werden können.

Das Ampelsystem stellt sicher, dass Vorgänge erst dann bearbeitet werden, wenn auch ausreichende Informationen vorhanden sind und so nicht ständige Rückfragen die Arbeit stören. Außerdem verläuft die Bearbeitung nach einheitlichen Prioritäten, anstatt nach den Vorlieben der Mitarbeiter. So wird die Durchlaufzeit erheblich verkürzt. Jeder Mitarbeiter ruft sich bei verfügbarer Arbeitszeit einen Vorgang ab, so dass die Arbeit auf ein Team verteilt wird und so eine gleichmäßigere Kapazitätsauslastung erzielt wird.[219]

Ein Ampelsystem dient auch zur Visualisierung des Bearbeitungsstatus, so dass Vorgänge oder Projekte nicht in Vergessenheit geraten und die Erledigung besser kontrolliert werden kann. Die folgende Abbildung zeigt ein solches Ampelsystem.

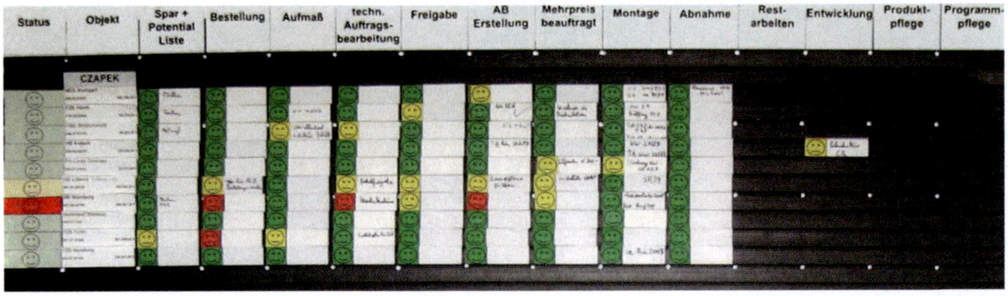

Abbildung 12: Ampelsystem bei der Auftragsbearbeitung[220]

Das beschriebene Ampelsystem kommt dem aus dem Toyota-Produktionssystem bekannten Prinzip des „one piece flow", bei dem die Produkte kontinuierlich von

218 Vgl. Wiegand/Nutz (2007), S. 85
219 Vgl. Wittenstein (2006 b), S. 71
220 Quelle: SPS Management Consultants GmbH

einem Prozessschritt zum nächsten weitergegeben werden, ohne dass Wartezeiten auftreten, schon sehr nahe.[221] Dies ist allerdings im administrativen Bereich nur durch den Einsatz von IT-Technik möglich, womit bearbeitete Vorgänge auf dem Server allen Mitarbeitern zugänglich gemacht werden können.

Wenn man allerdings nicht ohne Papier auskommt, ist die Umsetzung sehr schwierig.

Mit Hilfe von FIFO-Linien oder auch so genannten Supermärkten wird versucht, ein Pull-System auch bei der Arbeit mit Papier einzurichten. So wird eine maximale Anzahl von Vorgängen festgelegt, die sich zwischen zwei Prozessschritten „stapeln" dürfen und nach dem FIFO-Prinzip abgearbeitet werden müssen. Folglich kann z.B. Mitarbeiter A bei einer maximalen Anzahl von fünf Vorgängen keine Aufträge mehr an Mitarbeiter B weitergeben, wenn dieser schon fünf Stück in der FIFO-Linie hat. Ansonsten würde sich Arbeit stapeln.[222] Mitarbeiter A kann B entweder bei der Arbeit helfen oder andere Aufgaben erledigen, bis B wieder neue Aufträge annehmen kann. So wird versucht, die Arbeit in einen Fluss zu bekommen.

In der Literatur findet man Ansätze, die Arbeit wie in der Produktion an den Kundentakt auszurichten. Letzterer wird aus der Anzahl der benötigten Produkte je Zeiteinheit bestimmt.[223] Wenn der Kunde beispielsweise täglich acht Aufträge sendet, bedeutet dies, dass stündlich ein Auftrag bearbeitet werden muss. Es wird versucht, die Arbeit an diesen Kundentakt anzupassen. Wenn z.B. die Zeichnungsabteilung herausfindet, dass die Konstruktion als ihr interner Kunde zweimal täglich auf Zeichnungen reagieren kann, werden alle vier Stunden Zeichnungen geschickt.[224]

Tapping und Shuker schlagen sogar die Anwendung eines Kanban-System wie in der Lean Production vor. So soll in einem Kanban-Ordner eine bestimmte Menge an Vorgängen an den nächsten Prozessteilnehmer weitergereicht werden und wenn dieser Ordner leer ist, wird er wieder „aufgefüllt".[225] Die Häufigkeit, mit welcher der Ordner weitergegeben wird, wird aus dem Kundentakt berechnet. Wenn z.B. pro Stunde fünf Rechnungen bearbeitet werden sollen, wird der Kanban-Ordner stündlich mit fünf neuen Rechnungen aufgefüllt. Der Mitarbeiter hat also ca. zehn Minuten für die Bearbeitung jedes Auftrags. Es ist allerdings höchst fraglich, ob ein solches System in administrativen Bereichen wirklich sinnvoll ist, da die Anzahl

---

221 Vgl. Wiegand/Nutz (2007), S. 106
222 Vgl. Keyte/Locher (2004), S. 76
223 Vgl. Laqua (2005)
224 Vgl. Tapping/Shuker (2003), S. 86
225 Vgl. Tapping/Shuker (2003), S. 103

eingehender Aufträge meist stark schwankt und administrative Produkte einen hohen Komplexitätsgrad aufweisen. So ist eine Austaktung wie in der Produktion kaum möglich.

Es ist auch viel wichtiger, flexibel zu sein, um die verschiedensten Kundenbedürfnisse zu befriedigen.

Ein Kanban-System könnte vornehmlich bei Prozessen mit stark standardisierten, wiederkehrenden Handlungen sinnvoll sein. Außerdem sollten sich die Prozessteilnehmer in räumlicher Nähe befinden, da sonst wieder Verschwendung im Sinne von Bewegung entsteht, um die leeren Ordner aufzufüllen.

4.5.4 Methoden zur Problemlösung

Bei der Ist-Analyse des Prozesses trifft man immer wieder auf Probleme. Da die Lösungen nicht immer auf der Hand liegen, existieren verschiedene Methoden, die das Finden einer sinnvollen Lösung erleichtern können. Neben einfachen statistischen Methoden wie Streuungs- oder Kurvendiagrammen, die hier nicht genauer betrachtet werden sollen, werden im Folgenden Problemlösungswerkzeuge vorgestellt, die eher qualitativer Natur sind und daher auch besonders in administrativen Bereichen Anwendung finden können.

Die 5-Mal-Warum-Analyse

Bei auftauchenden Problemen werden oft vorschnell Schlüsse hinsichtlich der Ursachen gezogen. Allerdings handelt es sich dabei meist nicht um die wahre Ursache, sondern nur um oberflächliche Symptome. Dieses Problem kann umgangen werden, indem fünfmal „Warum?" gefragt wird. Durch das kontinuierliche Nachfragen kommt man letztendlich auf den versteckten Kern des Problems.[226] Ein Beispiel soll dies erläutern:[227] Es gilt, eine Lösung für das Problem der schlechten Einhaltung von Lieferterminen zu finden.

226 Vgl. Imai (1997), S. 32
227 Vgl. Leikep/Bieber (2004), S. 101-102

1. Warum werden die Termine nicht eingehalten?

   Antwort: Der Vertrieb macht Zusagen, ohne sich vorher mit der Produktion abzustimmen.

2. Warum stimmt sich der Vertrieb schlecht mit der Produktion ab?

   Antwort: Weil der Vertrieb den Kunden oft Termine zusichert und glaubt, dass die Produktion diese Termine einhalten kann.

3. Warum verlässt sich der Vertrieb auf diese Annahme?

   Antwort: Weil der Vertrieb keinen Zugriff auf die Terminplanung der Produktion hat und die Produktionszeit nur aufgrund von Erfahrungswerten einschätzt

4. Warum hat der Vertrieb keinen Zugriff auf die Terminplanung?

   Antwort: Weil die Anbindung an das Intranet noch nicht funktioniert

5. Warum funktioniert die Anbindung noch nicht?

   Antwort: Weil die Vertriebsmitarbeiter noch nicht genug geschult sind, um das Programm zu bedienen

Dieses Beispiel verdeutlicht, dass die erste vermeintliche Ursache des Problems meist nicht die wirkliche Ursache ist.

Das Ishikawa- oder Ursachen/Wirkungs-Diagramm

Bei dieser Methode handelt es sich um eine graphische Darstellung, bei der die möglichen Ursachen des zu analysierenden Problems, in Haupt- und Nebenursachen gegliedert, dargestellt werden. Es werden zunächst Hauptursachengruppen bestimmt und im Anschluss werden weitere Faktoren, die auf diese Hauptursachen einwirken können, durch Brainstorming ermittelt. Dadurch erhält man ein Diagramm mit vielen Verzweigungen, weshalb diese Methode auch „Fischgrätendiagramm" genannt wird. Im Anschluss wird die wahrscheinlichste Ursache identifiziert und Lösungsvorschläge entwickelt.

Diese Methode ist besonders für komplexe Ursachenstrukturen mit vielen Einflussgrößen geeignet.[228]

Die folgende Abbildung zeigt beispielhaft ein solches Diagramm für das Problem zu großer oder nicht zu öffnender Anhänge von E-Mails.

228 Vgl. Bieber (2001), S. 37

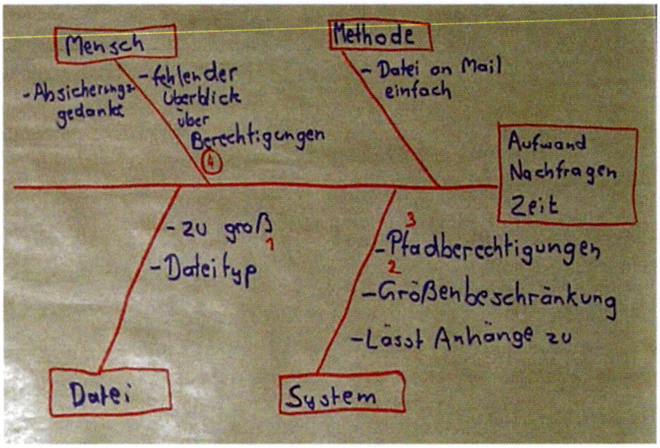

Abbildung 13: Das Ishikawa-Diagramm[229]

Die Problemlösungsstory

Die Problemlösungsstory ist eine Methode, um Probleme systematisch und strukturiert im Team zu bearbeiten. Der gesamte Problemlösungsprozess wird übersichtlich graphisch dargestellt.[230] Zunächst wird das Problem beschrieben und ein Ziel festgelegt, das durch die Problemlösung erreicht werden soll.

Im Anschluss wird der Ist-Zustand mit Hilfe von Kennzahlen, Praxisbeispielen etc. analysiert. Im nächsten Schritt wird die genaue Problemursache z.B. mit Hilfe der 5-Mal-Warum-Analyse oder dem Ursachen-/Wirkungsdiagramm bestimmt. Aus den ermittelten Einflussgrößen werden dann mögliche Verbesserungsvorschläge entwickelt und hinsichtlich Kosten und Nutzen bewertet. Für die ausgewählten Ideen wird in einem Maßnahmenplan festgelegt, wer was bis zu welchem Zeitpunkt erledigen soll. Im letzten Schritt findet dann eine Lösungsüberprüfung anhand von Kennzahlenerfassung, Vorher-Nachher-Fotos oder einfachen Messprotokollen wie Strichlisten statt. Falls das erwartete Ergebnis nicht erzielt wird, muss das Team im Sinne des PDCA-Zyklus wieder mit der Problemdarstellung oder Ursachenanalyse beginnen.

Die folgende Abbildung zeigt beispielhaft eine Problemlösungsstory zum Thema Anhangmanagement von E-Mails.

229 Quelle: KAIZEN Institute (2006 c)
230 Vgl. Bieber (2001), S. 36; KAIZEN Institute (2006 c)

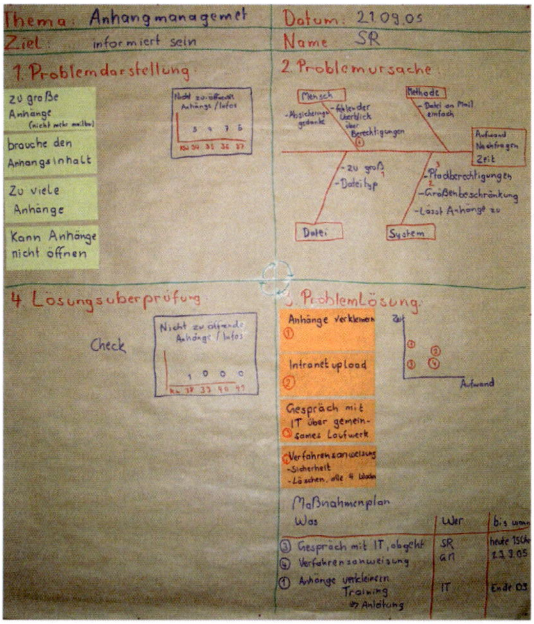

Abbildung 14: Problemlösungsstory am Beispiel Anhangmanagement[231]

4.5.5 Die Entwicklung des Soll-Prozesses

Nach der Analyse des Ist-Prozesses und der Entwicklung möglicher Verbesserungsmaßnahmen, muss im Anschluss der Soll-Prozess gezeichnet werden.[232] So werden die in Workshops erzielten Ergebnisse einheitlich dokumentiert. Durch die Visualisierung wird ersichtlich, wo noch Klärungsbedarf besteht und ob die geplanten Handlungsschritte im Gesamtzusammenhang stimmig sind. Im nächsten Schritt wird dann in einem Maßnahmenplan festgelegt, wer welche Aufgaben bis zu welchem Zeitpunkt erledigen soll, damit die Umsetzung kontrolliert abläuft.

4.6 Non-territoriale Büros

In Zukunft müssen Unternehmen immer flexibler und schneller auf die sich ändernden, komplexen Bedingungen der Unternehmensumwelt reagieren. Die Arbeit wird zunehmend in eigenverantwortlichen, anpassungsfähigen Teams erledigt[233] und findet daher eher in Besprechungsräumen als an Einzelarbeitsplätzen

231 Quelle: KAIZEN Institute (2006 c)
232 Vgl. Wiegand/Nutz (2007), S. 91
233 Vgl. Zinser (2002)

oder auch beim Kunden, unterwegs oder zu Hause statt.[234] Um diesen vielfältigen Anforderungen gerecht zu werden, müssen die Büros der Zukunft auch flexibler gestaltet werden.

Während in Unternehmen bisher feste Arbeitsplätze vorherrschen, sieht das Konzept des non-territorialen Büros gemeinsame Arbeitsplätze vor, die von den Mitarbeitern beliebig besetzt werden können. Der Arbeitsplatz ist je nach Anforderung der zu erledigenden Aufgabe oder der gewünschten Nähe zu Kollegen frei wählbar. So können z.B. je nach benötigtem Kommunikationsbedarf Gruppen- oder auch Einzelarbeitsplätze zur Auswahl stehen. Letztere erlauben Mitarbeitern, sich zum konzentrierten Arbeiten zurückzuziehen.[235] Ermöglicht wird die Mobilität durch den Einsatz von abschließbaren Rollcontainern, in denen alle individuellen Arbeitsmittel und notwendigen Unterlagen verstaut werden.[236]

Dieses Bürokonzept fördert Teamarbeit und die Kommunikation im Unternehmen, da ein häufiger Wechsel des Arbeitsplatzes neue Kontakte ermöglicht. Außerdem wird durch den Einsatz der Rollcontainer Verschwendung vermieden, da nur Platz für das Nötigste vorhanden ist. Voraussetzung für das mobile Bürokonzept ist, dass Mitarbeiter durch den Einsatz angemessener Kommunikations- und Informationstechnik von jedem Arbeitsplatz Zugriff auf die notwenigen Informationen haben.

Ziel ist es, „unabhängig von Zeit und Raum"[237] zu arbeiten, d. h. mit wem, wo und wann man es möchte. Außerdem soll das Büro der Zukunft papierlos sein und alle Daten digital gespeichert sein. So werden sie nur gedruckt, wenn sie wirklich benötigt werden.

Sinnvoll ist ein solches Konzept vor allem in Abteilungen mit besonders hohen Abwesenheitszeiten. Dort werden insgesamt weniger Arbeitsplätze benötigt, wodurch Kosten für Büroausstattung und -fläche gespart werden können. So wird z.B. bei dem Automobilzulieferer Mann+Hummel ein mobiles Raumkonzept für Außendienstmitarbeiter eingesetzt, die nur selten im Unternehmen anwesend sind.[238] Auch für Unternehmensberatungen wäre ein solches Konzept sicherlich sinnvoll.

---

234 Vgl. Lorenz (2005), S. 16
235 Vgl. Zinser (2002)
236 Vgl. Bieber (2002)
237 Vgl. Bieber (2002)
238 Quelle: Telefoninterview vom 20.06.08 mit Frau Menzel, Kaizen-Beauftragte der Mann + Hummel GmbH. Anschrift: Hindenburgstraße 45, 71638 Ludwigsburg

IBM hat ebenfalls erfolgreich ein non-territoriales Raumkonzept eingeführt.[239] So sind in der Hamburger Zentrale 1000 mobile Arbeitsplätze für die rund 1450 Mitarbeiter eingerichtet worden, da sie oft zu Hause arbeiten oder unterwegs sind. Jedem Mitarbeiter wird eine Etage im Gebäude sowie ein Schließfach für persönliche Dinge zugeteilt. Alle benötigten Informationen sind auf einem Laptop vorhanden, der im Rollcontainer aufbewahrt wird. Unterlagen auf Papier werden sofort per Scanner digitalisiert. Alle Kollegen, die online sind, erscheinen auf einem Display, so dass eine Kommunikation ermöglicht wird.

Es ist jedoch zweifelhaft, ob dieses Konzept für alle Unternehmen sinnvoll ist, da eine vollständig papierlose Bearbeitung oft nicht möglich ist, weil z. B. Kunden Unterlagen per Post schicken. Auch wenn die Arbeit eine häufige persönliche Kommunikation zwischen Mitarbeitern erfordert, widerspricht dieses Konzept dem Prinzip der räumlichen Nähe. So steigt die Durchlaufzeit von Prozessen, wenn man erst den Kollegen suchen muss.

Des Weiteren ziehen Mitarbeiter meist eine gewohnte Arbeitsumgebung vor und fühlen sich unsicher, wenn sie sich jeden Tag einen neuen Arbeitsplatz suchen müssen und ständig von neuen Kollegen umgeben sind. Daher kann ein mobiles Raumkonzept die Motivation der Mitarbeiter negativ beeinflussen.

Dies ist auch die Meinung von Sebastian Glacza, dem Kaizen-Beauftragten der RESOL GmbH aus Hattingen, einem mittelständischen Unternehmen, das in der Solarbranche tätig ist: Wenn den Mitarbeitern durch Standards schon ein Teil der Individualität genommen wird, dann sollten die Mitarbeiter wenigstens die Möglichkeit haben, ihren Arbeitsplatz so mitzugestalten, dass sie sich dort wohl fühlen.[240] Sinnvoll hält er dagegen, dass Einzelarbeitsplätze zunehmend zu Großraumbüros umgestaltet werden, um die Kommunikation zu verbessern. Allerdings kommt es in der Praxis vor, dass Mitarbeiter trotzdem nicht miteinander reden, obwohl sie zusammen in einem Büro sitzen. Herr Glacza könnte sich daher auch vorstellen, in der Mitte eines Gemeinschaftsbüros einen Besprechungstisch einzurichten, an dem in regelmäßigen Abständen kurze Besprechungen stattfinden, damit alle Teammitglieder auf dem gleichen Wissensstand sind.

---

239 Vgl. Eberenz (2004)

240 Quelle: Persönliches Interview vom 25.07.08 mit Herrn Sebastian Glacza, Kaizen-Beauftragter der RESOL GmbH. Anschrift: Heiskampstraße 10, 45527 Hattingen

5. Die Implementierung von Kaizen in administrativen Bereichen

5.1 Mitarbeiter für Kaizen gewinnen

Viele Initiativen, Kaizen einzuführen, scheitern an Widerständen der Mitarbeiter. Besonders in administrativen Bereichen sind die Widerstände groß, da Mitarbeiter aufgrund der in Punkt 3.1 dargestellten Besonderheiten administrativer Bereiche Kaizen als nicht anwendbar betrachten.

Herr Joachim Königsmann, der bei der RESOL GmbH an Kaizen-Workshops sowohl in der Produktion als auch der Verwaltung teilgenommen hat, bestätigt dies: Aus seinen Erfahrungen sei die Verbesserungsbereitschaft in der Produktion viel höher, da Mitarbeiter wissen, dass dort die Wertschöpfung entsteht und Verbesserungen sofort durch Zeitdifferenzen messbar sind. Mitarbeiter administrativer Bereiche empfinden Kaizen und insbesondere 5-S-Aktionen eher als auferlegte Ordnung und Sauberkeit und nicht als Verbesserung. So hat Herr Königsmann in einem Office-Kaizen-Workshop miterlebt, dass Shadowboards oder die farbliche Markierung von Stellflächen von den Mitarbeitern belächelt und nicht ernst genommen wurden.[241] Hier kann ein Pilotprojekt nützlich sein, in dem Mitarbeiter den Nutzen der Verbesserungsaktivitäten erkennen. Dabei bietet sich insbesondere ein Projekt an, bei dem schnell Erfolge für alle sichtbar werden, wie z. B. bei einer 5-S-Aktion. Ein Pilotprojekt ist also ein wichtiges Instrument des Motivierens[242] und kann bestehende Denkmuster von Mitarbeitern, die Kaizen kritisch gegenüber stehen, aufbrechen.

Als Einwand gegen Kaizen wird auch oft angeführt, dass das Tagesgeschäft keine Zeit für die Verbesserungsaktivitäten erlaube, da sonst die Kundenwünsche vernachlässigt würden. Daher muss man den Mitarbeitern verdeutlichen, dass es auf Dauer immer schwieriger wird, den Kunden zufrieden zu stellen, wenn man die Prozesse nicht verbessert.[243] Mitarbeitern sollte bewusst gemacht werden, dass Kaizen nicht nur dem Unternehmen zugute kommt, sondern sie auch ein eigenes Interesse an den Verbesserungsmaßnahmen haben:

Durch die Beseitigung von Verschwendung und Engpässen läuft die Arbeit viel

241 Quelle: Persönliches Interview vom 25.07.08 mit Herrn Joachim Königsmann, Betriebsleiter der RESOL GmbH. Anschrift: Heiskampstraße 10, 45527 Hattingen

242 Vgl. Zeyer (1996), S. 106

243 Vgl. Glahn (2007), S. 22

entspannter ab, ohne dass die Mitarbeiter ständig unter Druck stehen, weil sie mit der Arbeit nicht mehr nachkommen. Durch positive Kundenrückmeldungen wird das Wohlbefinden gesteigert.[244]

Frau Manuela Benai ist geschäftsführende Gesellschafterin der SPS Management Consultants Deutschland GmbH, einer Unternehmensberatung, die Unternehmen bei der Einführung des Toyota-Produktionssystems unterstützt. Die Unternehmensberatung hat auch erste Erfahrungen mit Kaizen in administrativen Bereichen. Dabei wurde festgestellt, dass Mitarbeiter zu Beginn insbesondere Angst davor haben, dass durch die Effizienzsteigerungen langfristig Personal abgebaut werden soll. Daher betont Frau Benai, dass den Mitarbeitern klargemacht werden müsse, dass die Arbeit durch die Maßnahmen nicht weniger wird, sondern mehr Zeit für die wertschöpfenden Kernaufgaben bleibt. Effizienzsteigerung ist nicht gleichbedeutend mit Personalabbau, sondern dient in erster Linie dem Erreichen einer höheren Kundenzufriedenheit. In vielen Fällen ist es sogar so, dass durch die Effizienzsteigerungen erst das mögliche Potenzial des Unternehmens ausgeschöpft werden kann und dem Unternehmen zu mehr Wachstum verhilft. [245]

Die Unternehmensführung muss den Mitarbeitern bewusst machen, dass das Unternehmen nur durch eine Effizienzsteigerung dauerhaft wettbewerbsfähig bleiben und so auch Arbeitsplätze sichern kann. Indem Mitarbeitern zu Beginn der Kaizen-Aktivitäten vor Augen geführt wird, dass aufgrund von z. B. Preisentwicklungen oder Konkurrenzdruck Veränderungen notwendig sind, kann eine höhere Akzeptanz erreicht werden. Zudem kann in der Betriebsvereinbarung festgelegt werden, dass durch Kaizen keine Mitarbeiter den Arbeitsplatz verlieren werden, um die Belegschaft zu beruhigen.[246]

5.2 Anforderungen an das Management

Eine wichtige Voraussetzung für die erfolgreiche Implementierung von Kaizen ist außerdem, dass die Unternehmensführung selbst von Kaizen begeistert ist und den Mitarbeitern diese Philosophie vorlebt. So sollten Führungskräfte mit gutem Beispiel vorangehen und z. B. an Workshops teilnehmen.[247] Das Management muss beweisen, dass es die Kaizen-Aktivitäten voll und ganz unterstützt, indem es am

244 Vgl. Glahn (2007), S. 57

245 Quelle: Persönliches Interview vom 03.03.08 mit Frau Manuela Benai, Geschäftsführerin SPS Management Consultants Deutschland GmbH. Anschrift: Bongardstraße 17, 44787 Bochum

246 Vgl. Glahn (2007), S. 86

247 Vgl. Wiegand/Nutz (2007), S. 127

Ort des Geschehens präsent ist und außerdem Zeitpläne einhält und keine Meetings absagt.[248]

Da Kaizen eine niemals endende Reise darstellt, darf das Management nicht von den Zielen abkommen und bei Problemen aufgeben. Dies ist sehr wichtig, da es bei Kaizen kein einheitliches Erfolgsrezept gibt und manche Projekte etwas zeitaufwändiger sind als erwartet. So muss auch Experimentierfreude zugelassen werden. Oft wird Projekten zu Beginn ein hohes Maß an Aufmerksamkeit zugeteilt, das mit der Zeit jedoch nachlässt. Das Management muss aber kontinuierlich Interesse am Projekt zeigen, damit es erfolgreich wird.

Außerdem muss den Mitarbeitern ein ausreichendes Maß an Zeit sowie sonstigen Ressourcen für Training oder die Umsetzung von Verbesserungsmaßnahmen zur Verfügung gestellt werden. Nur so können sie ihre Ideen ausprobieren und auch aus Fehlern lernen.

Des Weiteren ist es sehr wichtig, die Mitarbeiter zu loben, wenn sie Verbesserungen erzielt haben. Wenn die Geschäftsleitung sie beispielsweise im Anschluss an einen Workshop vor der gesamten Belegschaft lobt, macht es die Mitarbeiter stolz und motiviert sie zu weiterem Engagement.

5.3 Zielorientierte Mitarbeiterführung: Hoshin-Kanri-Management / Policy Deployment

Um Kaizen erfolgreich einzuführen und das Unternehmen auf die Optimierung der kundenorientierten Ziele Qualität, Kosten und Liefertreue zu fokussieren, kann Hoshin-Kanri-Management als Konzept der Unternehmensführung sinnvoll sein. Hoshin Kanri ist japanischen Ursprungs: „Hoshin" bedeutet so viel wie „Kompass" und „Kanri" steht für „Management oder Planung".[249] Bei diesem auch als „Management by Policy" bezeichneten Managementsystem wird die Zielsetzung des Unternehmens, ausgehend von einer Vision, auf alle Unternehmensebenen systematisch operationalisiert. So wird z. B. von der Vision, Marktführer zu werden, höchste Qualität als Unternehmensziel abgeleitet. Dieses Ziel wird dann bis zu jedem einzelnen Mitarbeiter heruntergebrochen. So bedeutet das Ziel der Qualität für die Vertriebsmitarbeiter, die Anzahl von Fehlern oder Reklamationen zu reduzieren. Mitarbeiter können beispielsweise das Erreichen des Ziels einer höheren

248 Vgl. Tonkin (2007 b), S. 12
249 Vgl. Jochum (1999), S. 3

Wirtschaftlichkeit unterstützen, indem sie Büromaterialkosten reduzieren sowie jede Form von Verschwendung vermeiden. Weitere Beispiele zeigt die folgende Abbildung.[250] Wenn man den Mitarbeitern diese Zusammenhänge verdeutlicht, können sie selbst zielgerichteter und motivierter arbeiten, da sie wissen, wie sie zum Unternehmenserfolg beitragen können.

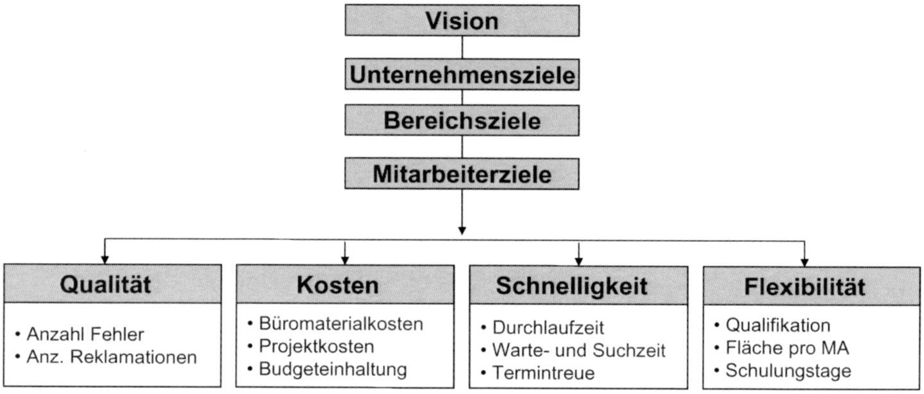

Abbildung 15: Zielauflösungsprozess mit Mitarbeiterzielen bezüglich Qualität, Kosten, Schnelligkeit u. Flexibilität

Im Gegensatz zum „Management by Objectives" steht der Prozess im Mittelpunkt, nicht das Erreichen bestimmter Ergebnisse.[251] Das Hauptaugenmerk liegt nicht auf der individuellen Leistung, sondern vielmehr darauf, dass das ganze Unternehmen die Vision erreichen kann. Mitarbeiter sind eigenverantwortlich für die Verbesserungen mit Hinblick auf die Erreichung der Unternehmensziele, ohne bestimmte Maßnahmenvorgaben zu haben. Sie legen daher teaminterne Ziele wie beispielsweise die Reduzierung der Kundenreklamationen fest und entwickeln eigenständig Maßnahmen, um den Prozess kontinuierlich zu verbessern. Die Unternehmensziele sowie die davon abgeleiteten Teamziele sollten möglichst gut sichtbar auf der Teamtafel visualisiert werden.

Insgesamt wird so die Selbstständigkeit und Autonomie der Mitarbeiter bei gleichzeitiger Richtungsweisung durch das Management garantiert.[252] Anstatt Kaizen nur punktuell und ziellos anzuwenden, werden die Verbesserungsaktivitäten in eine gemeinsame Richtung zur Umsetzung der Unternehmensvision gebracht, wodurch Verschwendung durch fehlende Fokussierung reduziert wird.

250 Vgl. Leikep/Bieber (2004), S. 138
251 Vgl. Kamiske/Brauer (2008), S. 103
252 Vgl. Jochum (1999), S. 37

5.4 Organisation der Implementierung

Um die nachhaltige und systematische Einführung von Kaizen in administrativen Bereichen sicherzustellen, muss jedes Unternehmen einen geeigneten Aktionsplan entwickeln, da die isolierte Anwendung einzelner Methoden nicht zu dauerhaften Veränderungen führt.

5.4.1 Aufbau einer Kaizen-Organisation

Im ersten Schritt muss eine Organisation zur Implementierung von Kaizen gebildet werden. Es wird zunächst ein Steuerungsausschuss bestimmt, der wesentliche Strategien, Ziele und Vorgehensweisen verabschiedet. Dieser Ausschuss besteht aus der Geschäftsleitung, dem Betriebsrat, den Kaizen-Beauftragten und evtl. noch aus einem externen Unternehmensberater.[253] Letzterer kann Unternehmen mit seiner Erfahrung aus anderen Unternehmen hilfreich zur Seite stehen. In Firmen, in denen Kaizen schon in der Produktion praktiziert wird, besteht bereits eine Kaizen-Organisation, daher müssen nur noch Verantwortliche für administrative Bereiche festgelegt werden.

Der Kaizen-Beauftragte setzt Kaizen nach Absprache mit dem Steuerungsausschuss um und ist möglichst für diese Tätigkeit freigestellt. Er organisiert beispielsweise Kaizen-Workshops, überwacht den Fortschritt des Projekts und ist persönlicher Ansprechpartner für alle Mitarbeiter. So soll er z. B. versuchen, Widerstände einzelner Mitarbeiter aufzulösen.[254]

5.4.2 Kaizen-Workshops

Zur Umsetzung von Kaizen bieten sich regelmäßig stattfindende Kaizen-Workshops an, da so die Möglichkeit besteht, bestimmte Prozesse, die besonders verbesserungsbedürftig sind, genauer zu betrachten. Mitarbeiter werden dafür während eines Tages oder mehreren Tagen vom Tagesgeschäft freigestellt, um sich ganz auf die Verbesserungsmaßnahmen zu konzentrieren, für die im Tagesgeschäft selten Zeit vorhanden ist. Für den Ablauf eines solchen Workshops gibt es keine einheitliche Vorgehensweise, daher soll hier exemplarisch der Ablauf bei der RESOL GmbH aus Hattingen, einem mittelständischen Unternehmen, das in der Solarbranche tätig ist, dargestellt werden[255]:

---

253 Vgl. Bieber (2001), S. 47
254 Vgl. Tapping/Shuker (2003), S. 20
255 Vgl. RESOL GmbH (2008)

Es finden im Abstand von ca. drei Monaten Workshops zu im Vorfeld ausgewählten Themen statt. Bei den Workshops wird ein externer Berater, Herr Masuyuki Wada, ein japanischer Kaizen-Experte der SPS Management Consultants GmbH, hinzugezogen. Das Hinzuziehen eines Unternehmensberaters ist besonders in der Anfangsphase sinnvoll, da Mitarbeiter und Führungskräfte noch nicht so gut mit den Methoden und Prinzipien von Kaizen vertraut sind. Nach Auswahl der zu verbessernden Bereiche bzw. Prozesse werden die Mitglieder der Teams bestimmt, die sich jeweils mit einem der Bereiche beschäftigen sollen. Ein solches Team besteht aus ca. fünf Personen. Dabei empfiehlt es sich, einerseits Experten, die aus dem zu optimierenden Bereich kommen, einzusetzen, jedoch das Team andererseits auch durch externe Mitarbeiter aus anderen Abteilungen zu ergänzen. Letztere betrachten die Prozesse aus einem ganz anderen Blickwinkel und können so eher Probleme entdecken, für die Mitarbeiter aus der betroffenen Abteilung häufig aufgrund ihrer Routine „blind" sind.

Bei der RESOL GmbH findet jeweils ein zweitägiger Workshop statt, der folgendermaßen abläuft:

1. Tag

8:30 – 10:00 Uhr	Vorbesprechung der Kaizen-Beauftragten mit Herrn Wada
10:00 – 10:30 Uhr	Versammeln der Workshopteilnehmer, Gruppenfindung
10:30 – 12:30 Uhr	Ist-Zustandsanalyse in den Schwerpunktbereichen. Beobachtungsphasen, Gruppenanalyse, Erstellung von Problemlisten (Flip Chart)
12:30 – 13:00 Uhr	Mittagspause
13:00 – 14:00 Uhr	Ausarbeitung der Problemmaßnahmen (Flip Chart)
14:00 – 15:30 Uhr	Theoriestunde durch Herrn Wada
15:30 – Ende	Präsentation der Probleme/Maßnahmen vor Ort (15 min pro Gruppe)

2. Tag

8:00	– 12:30 Uhr	Umsetzung der Maßnahmen
12:30	– 13:00 Uhr	Mittagspause
13:00	– 14:00 Uhr	Theoriestunde durch Herrn Wada
14:00	– 15:00 Uhr	Vorbereitung der Ergebnispräsentationen
15:00	– Ende	Ergebnispräsentationen der Gruppen

Ziel der Workshops ist es, dass möglichst viele Maßnahmen direkt umgesetzt werden. Ist dies nicht möglich, wird ein genauer Aktionsplan festgelegt. Die Theoriestunden durch den externen Berater vermitteln den Workshop-Teilnehmern wichtige Methodenkenntnisse. Denn nur mit den richtigen Hilfsmitteln, wie z. B. den vorgestellten Methoden zur Problemlösung, sind Mitarbeiter dazu fähig, eigenständig Verbesserungsmaßnahmen zu entwickeln.

5.4.3 Aktionsplan zur Einführung: Das 6-Level-Modell des KAIZEN Institute

Das KAIZEN Institute empfiehlt die Umsetzung von Kaizen in administrativen Bereichen in sechs Leveln, die hier exemplarisch vorgestellt werden.[256]

Level 1: Verbesserung der Selbstorganisation

Zunächst soll eine Verbesserung der Selbstorganisation der Mitarbeiter erzielt werden, indem sie für die Verschwendung sensibilisiert werden. Dies geschieht am besten mit Hilfe einer 5-S-Aktion, durch die in kurzer Zeit Erfolge erzielt werden, die für alle sichtbar sind. Man fängt also an dem Arbeitsplatz jedes Einzelnen an, um bei jedem Mitarbeiter Verständnis für die sich anschließenden Maßnahmen zu fördern. Denn wenn die Mitarbeiter merken, dass die 5-S-Aktion ihre Arbeit angenehmer macht, ist ihre Grundeinstellung gegenüber weiteren Veränderungsprozessen positiv.[257] Außerdem wird erst durch Ordnung und Sauberkeit am Arbeitsplatz die Basis für weitergehende Maßnahmen geschaffen.

256 Vgl. Leikep/Bieber (2004), S. 21 ff.
257 Vgl. Bieber (2001), S. 30

Level 2: Verbesserung der Zusammenarbeit

Im zweiten Level wird nun eine Verbesserung der Zusammenarbeit erzielt, insbesondere durch die Schaffung von Standards, die im Kapitel 4.2 genauer betrachtet wurden. So werden durch einheitliche Standards und Regeln eine klare Kommunikation ermöglicht und Fehler sowie unnötiger Zeitaufwand vermieden.[258]

Level 3: Verbesserung der Arbeitsprozesse

Nachdem in Level 1 und 2 die einzelnen Arbeitsplätze sowie die Zusammenarbeit der Mitarbeiter optimiert wurden, werden in Level drei die abteilungsübergreifenden Prozesse betrachtet. Dies geschieht mit Hilfe von Prozessmapping oder der Wertstromanalyse.

Level 4: Erhaltung des guten Zustandes durch weitere Optimierung im Team

Ziel von Level 4 ist, dass die Mitarbeiter den erreichten verbesserten Zustand erhalten und immer weiter verbessern. Hier spielt insbesondere das visuelle Management eine wichtige Rolle: Anhand von Kennzahlen, die erfasst und zentral im Büro visualisiert werden, erkennen Mitarbeiter positive oder negative Entwicklungen. Bei positiven Entwicklungen sind Mitarbeiter stolz auf die erreichten Verbesserungen, negative Entwicklungen lassen dagegen Handlungsbedarf erkennen. Insgesamt führt die Visualisierung von Kennzahlen zu einem eigenverantwortlichen Handeln der Mitarbeiter, da sie selbst sehen, wie ihr Handeln den Unternehmenserfolg beeinflusst.[259] Hier soll also das bereits beschriebene Hoshin-Kanri-Management Anwendung finden.

In diesem Level finden ebenfalls Instrumente wie die Teamtafel mit Qualifikationsmatrix Anwendung, durch die Mitarbeiter erkennen, wie sie die Zusammenarbeit im Team selbstständig verbessern können.

Level 5: Flexibles Arbeiten im Team

Im nächsten Schritt soll die in Level 4 erreichte Eigenverantwortung noch gesteigert werden, indem ein mobiles Raumkonzept eingeführt wird. Dadurch wird die Flexibilität der einzelnen Teams noch erhöht und hierarchische Strukturen werden

258 Vgl. Leikep/Bieber (2004), S. 54
259 Vgl. Bieber (2001), S. 39

aufgelöst.[260] Es soll außerdem ein nahezu papierloses Büro entstehen.

Level 6: „Best in Class"

Ziel von Level 6 ist die völlige Prozessbeherrschung, d. h. anderen Unternehmen bezüglich Qualität, Produktivität und Schnelligkeit voraus zu sein. Dazu ist es notwendig, sich durch Benchmarking an den Besten zu orientieren und zu versuchen, mit Hilfe der gesammelten Erfahrungen eine führende Position zu erreichen. Auch wenn dieser Level nur selten erreicht wird, kann das Ziel, zu den effizientesten Unternehmen zu gehören, eine zusätzliche Motivation für die Mitarbeiter darstellen.

In der Praxis gibt es einige Initiativen, die diesen Gedanken unterstützen. So hat z. B. das Beratungsunternehmen Macils das Benchmarkingprojekt „Office Excellence" gegründet, das Unternehmen die Möglichkeit bietet, sich zu erfolgreichen Methoden des Office-Kaizen auszutauschen.[261] Außerdem wird jährlich ein Unternehmen als Gewinner des „Office Excellence Awards" ausgezeichnet. Die Teilnahme an einem solchen Projekt ist zwar nicht kostenlos, allerdings kann sie als weiterer Ansporn der Mitarbeiter dienen.

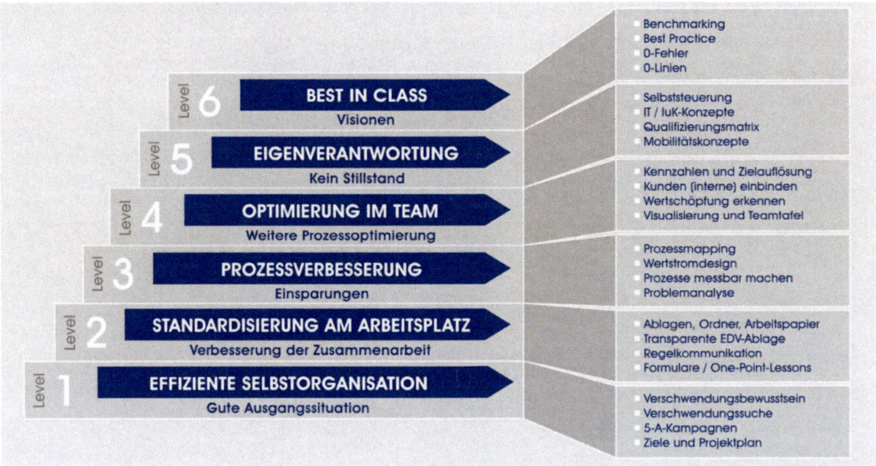

Abbildung 16: Das 6-Level-Modell des KAIZEN Institute[262]

260 Vgl. Bieber (2002)
261 Vgl. Macils. Management-Centrum GmbH (2008 a)
262 Quelle : Macils. Management-Centrum GmbH (2008 b)

Auditierung der einzelnen Level

Die Umsetzung von Kaizen in verschiedenen Stufen ist sinnvoll, da so systematisch und übersichtlich vorgegangen wird. Nach Abschluss jedes Levels soll ein Audit stattfinden, bei dem anhand eines Fragebogens überprüft wird, ob alle Anforderungen erfüllt sind.[263] Erst wenn die Auditierung bestanden ist, kann mit dem nächsten Level begonnen werden. So soll eine Nachhaltigkeit der vorgenommenen Maßnahmen erzielt werden und die Mitarbeiter erhalten ein angemessenes Feedback.

Die Unternehmensbereiche sollen bei laufendem Tagesgeschäft auditiert werden und zwar möglichst von neutralen, d. h. nicht dem Team zugehörigen Mitarbeitern. Die Auditierung erfolgt mittels eines Auditbogens, in dem die Soll-Anforderungen definiert sind. Der Ist-Zustand wird dann anhand einer Punkteskala bewertet. Wird die festgelegte Mindestpunktzahl nicht erreicht, soll keiner diskreditiert werden, sondern mögliche Verbesserungsmaßnahmen aufgezeigt werden. Bestandene Audits machen die einzelnen Teams stolz und dienen als Anerkennung für ihren Erfolg. Des Weiteren werden Teams, die noch nicht so weit sind, angespornt, auch den nächsten Level zu erreichen. [264]

---

263 Vgl. Bieber (2001), S. 22

264 Vgl. KAIZEN Institute (2006 d)

Die folgende Abbildung zeigt, wie ein Auditfragebogen für Level eins aussehen kann:

Drehrad AG **Dreh mit!**	**Auditfragebogen** **Office Excellence**	**Level 1:** **Selbst-** organisation Datum:			
	Auditfrage **und höchstmögliche Punktezahl**	**Bewertung**			
1	Wurden alle Mitarbeiter nachweislich in den Grundlagen und im Level 1 der Office Excellence sowie zu Verschwendung im Büro und 5 A geschult?	0	1	2	3
2	Gab es im Team eine gemeinsame Verschwendungsanalyse?	0	1	2	3
3	Wurden alle unnötigen Dinge aussortiert/archiviert? Wurde vereinbart, dass keine neuen Ordner oder Büromöbel beschafft werden?	0	1	2	3
4	Wurde eine Aktion ‚Putz die Platte' (löschen von Dateien und Ordnern auf Festplatten) durchgeführt?	0	1	2	3
5	Wurden alle Arbeitsplätze ergonomisch sinnvoll angeordnet (Cockpit-Arbeitsplatz)?	0	1	2	3
6	Sind Arbeitsplätze und Umgebung (Fensterbänke, Schränke, Fußboden, Küche usw.) in einem sauberen und sicheren Zustand?	0	1	2	3
7	Wurden erste Standards zur Erhaltung der Ordnung und Sauberkeit für den eigenen Arbeitsbereich erstellt? Sind Standards für ‚Niemandsland' (Küche, Kopierer, Archiv etc.) erarbeitet worden?	0	1	2	3
8	Wurden Ideen- und Maßnahmenlisten für weitere Verbesserungen eingeführt und visualisiert und werden diese bearbeitet/aktualisiert (Umsetzungsgrad > 80 %)?	0	1	2	3
9	Sind regelmäßige Termine zur Umsetzung der Ideen geplant und finden diese statt?	0	1	2	3
10	Wurden Veränderungen dokumentiert und sichtbar im eigenen Bereich visualisiert?	0	1	2	3
	Ergebnis (bestanden >22 Punkte)				

Abbildung 17: Beispiel für einen Auditfragebogen[265]

5.4.4 Beispiele aus der Praxis

Das beschriebene 6-Level-Modell kann als Leitfaden für die Implementierung dienen, ist jedoch keine allgemeingültige Vorgehensweise, da jedes Unternehmen unterschiedliche Bedürfnisse hat und so individuelle Anpassungen vorgenommen werden müssen. Auch die Häufigkeit von Workshops ist abhängig von dem Wirkungsgrad der Maßnahmen sowie der Bereitschaft der Mitarbeiter.

Bei dem Maschinenbauunternehmen Kühnle Kopp & Kausch, das seit 2006 zu Siemens gehört, wurde Kaizen in nur drei Stufen gleichzeitig in Produktion und

265 Quelle: Leikep/Bieber (2004), S. 51

Administration eingeführt. Diese entsprechen den ersten Stufen des 6-Level-Modells des KAIZEN Institute: Im ersten Level soll die Selbstorganisation jedes einzelnen Arbeitsplatzes betrachtet werden, im nächsten werden abteilungsinterne Standards etabliert und schließlich im letzten Level die abteilungsübergreifenden Prozesse optimiert. Die Umsetzung der drei Levels hat einige Jahre gedauert, dem Unternehmen jedoch zu einer Umsatzrendite verholfen, die weit über dem Branchendurchschnitt liegt. Die Durchlaufzeit wurde um durchschnittlich 50 % reduziert. Während es vor der Einführung von Kaizen 2,5 Wochen gedauert hat, bis ein Angebot nach Eingang der Anfrage erstellt worden war, geschieht dies nun innerhalb eines Tages.[266]

Office-Kaizen bei Toyota Financial Services

Interessant ist auch zu erfahren, wie die Umsetzung von Kaizen in administrativen Bereichen bei Toyota selbst abläuft. Bei der Toyota Kreditbank GmbH in Köln, Tochtergesellschaft der japanischen Toyota Financial Services Corporation, wurde Kaizen vor ca. sechs Jahren im Rahmen eines weltweiten Rollouts im Office-Bereich eingeführt.[267] Bei Toyota wird dabei nicht nach dem beschriebenen Stufenmodell vorgegangen. Stattdessen liegt der Fokus zunächst auf der Schulung der Mitarbeiter, die durch die Vermittlung von theoretischem Hintergrundwissen mit der Kaizen-Philosophie vertraut gemacht werden sollen. Laut Herrn Hübinger, Kaizen-Beauftragter bei der Toyota Kreditbank GmbH, besteht die Schwierigkeit bei Kaizen nicht in der Anwendung der Methoden, sondern vielmehr in dem Lernprozess, den jeder Mitarbeiter durchlaufen muss. So werden nach und nach alle Mitarbeiter z. B. durch E-Learning-Module oder zweitägige Workshops über Kaizen geschult. Dabei wird besonderer Wert darauf gelegt, dass die Mitarbeiter das Vorgehen nach dem PDCA-Zyklus zur Problemlösung erlernen. Nach Erfahrung von Herrn Hübinger ist dafür ein hohes Maß an Zeit und Geduld aufzubringen, da Mitarbeiter normalerweise eher intuitiv an ein Problem herangehen und direkt eine Lösung umsetzen möchten. Die Anwendung des PDCA-Zyklus ist dagegen viel aufwendiger, da eine genauere Analyse der Ist-Situation z. B. mit Hilfe von Kennzahlen vorgenommen wird. Dennoch lohnt sich der hohe Lernaufwand, da eine gründliche Analyse der Ursachen erfahrungsgemäß zu besseren Lösungen führt. Neben regelmäßigen Workshops existiert bei Toyota auch ein Vorschlagswesen mit einem Belohnungssystem.

---

266 Vgl. Blum (2005)

267 Quelle: Telefoninterview vom 13.08.08 mit Herrn Hübinger, Kaizen-Beauftragter bei der Toyota Kreditbank GmbH. Anschrift: Toyota-Allee 5, 50858 Köln

6. Fazit

Es wurde gezeigt, dass es zahlreiche Möglichkeiten gibt, auch administrative Bereiche mit Hilfe von Kaizen-Methoden schlanker und effizienter zu gestalten. Ebenso wurde verdeutlicht, dass die Besonderheiten administrativer Bereiche kein Hindernis zur Umsetzung darstellen, wie oft fälschlicherweise angenommen wird. Denn was heute vor allem fehlt, ist das Bewusstsein für Verschwendung, die in administrativen Bereichen nicht direkt sichtbar ist. Allein das Bewusstsein der verschiedenen Verschwendungsarten kann jedoch schon dazu führen, dass man die Dinge aus einem anderen Blickwinkel betrachtet und so bislang unbekannte Verbesserungspotenziale erkennt.

Allerdings führt der Einsatz der vorgestellten Methoden allein nicht zum Erfolg. Viel wichtiger ist es dagegen, dass alle Mitarbeiter die Kaizen-Philosophie verstehen und verinnerlichen. Nur so kann Office-Kaizen erfolgreich sein, da dieses partizipative Optimierungssystem von der Einsatzfreude der Mitarbeiter lebt. Mitarbeiter müssen Kaizen als Lebenseinstellung ansehen und von dem persönlichen Nutzen, den sie damit erzielen, überzeugt sein. Daher ist es auch wichtig, bei jedem Einzelnen zu beginnen. Nur wenn Mitarbeiter ihre persönliche Arbeitsweise eigenständig im Sinne von Kaizen ändern, wird das Konzept auf Dauer erfolgreich. Daher sind besonders Schulungen zu Beginn wichtig, sowohl für Mitarbeiter als auch für Führungskräfte, da letztere als Promotor agieren und den entsprechenden Handlungsrahmen stecken, damit Mitarbeiter zu Veränderungen motiviert werden.

In dieser Arbeit wurden einige Anregungen zur Implementierung von Office-Kaizen gegeben. Allerdings ist es wichtig, dass jedes Unternehmen nicht strikt nach existierenden Modellen vorgeht, sondern einen Weg findet, der zu ihm und den Mitarbeitern passt. Denn der Erfolg der Maßnahmen hängt auch stark von der aktuellen Unternehmenskultur ab. Wurden z.B. in der Vergangenheit Vorschläge von Mitarbeitern nur selten aufgegriffen, ist es sehr schwer, sie nun zu mehr Eigenverantwortung zu motivieren. Der Wirkungsgrad von Office-Kaizen-Maßnahmen hängt also sehr stark von dem Engagement der Führungskräfte ab, jedoch auch von der Bereitschaft der Mitarbeiter. Besonders bei Mitarbeitern mit langer Betriebszugehörigkeit können die Widerstände zu Beginn sehr groß sein. So sind schon viele Kaizen-Initiativen in der Produktion gescheitert, weil man es nicht geschafft hat, die Unternehmenskultur zu ändern. Der Weg zu einer schlanken Verwaltung durch Office-Kaizen erfordert ein hohes Maß an Durchhaltevermögen, da der vollständige Wandel der Unternehmenskultur einige Jahre dauern kann.

Tatsache ist jedoch, dass an einer Effizienzsteigerung in der Verwaltung kein Weg vorbeiführt, wenn Deutschland in Zukunft noch international wettbewerbsfähig bleiben will. Denn auch in Ländern wie Indien oder China bekunden Unternehmen schon Interesse an effizienzsteigernden Maßnahmen für den Verwaltungsbereich.[268]

Kaizen kann für Unternehmen ein Weg sein, mit Hilfe des vorhandenen Mitarbeiterpotenzials einen strategischen Wettbewerbsvorteil zu erzielen, der schwer imitierbar ist.

„Wer nichts verändern will, wird auch das verlieren, was er bewahren möchte." (Gustav Heinemann)

268 Vgl. Schaudwet (2004)

Quellenverzeichnis

Literatur- und Internetquellen

Bartholomay, Christian (2007): Kaizen. In: Dickmann, Philipp: Schlanker Materialfluss mit Lean Production, Kanban und Innovationen. Berlin; Heidelberg; New York

Bergmeier, Heidi (2001): Standardisierung von Besprechungsterminen und PC-Ablagen bei der Alfmeier AG. In: Bieber, Klaus/ KAIZEN Institute (Hrsg.): Effizientes Office-Management mit KAIZEN. Landsberg/Lech

Best, Eva/ Weth, Martin (2005): Geschäftsprozesse optimieren. Der Praxisleitfaden für erfolgreiche Reorganisation. 2. Auflage. Wiesbaden

Bieber, Klaus (2001): Effizientes Office-Management mit KAIZEN. Landsberg/Lech

Bieber, Klaus (2002): Unabhängig von Zeit und Raum – das mobile Office. In: KAIZEN Institute (Hrsg.): Kaizen Forum März 2002. URL: http://at.kaizen.com/uploads/tx_nppresscenter/Forum-2002-03_d5bacf_05.pdf (Zugriff: 15.07.08)

Blum, Peter (2005): Standort: Höhere Rendite – mehr Arbeitsplätze. URL: http://www.gesamtmetall.de/Gesamtmetall/MEOnline.nsf/id/07BFA2983C570FC7C1256FFF0029BA91?open&ccm=080060 (Zugriff: 11.07.08)

Braun, Jochen (2003): Grundlagen der Organisationsgestaltung. In: Bullinger H.-J./ Warnecke, H.J./ Westkämpfer, E. (Hrsg.): Neue Organisationsformen im Unternehmen. Ein Handbuch für das moderne Management. 2. Auflage. Berlin; Heidelberg; New York. S. 1-62

Bußmann, Wolfgang F. (1994): Lean Selling. Landsberg/Lech

Davenport, Thomas H. (2005): Wissen effizienter nutzen. URL: http://www.manager-magazin.de/harvard/0,2828,343647,00.html (Zugriff: 11.08.08)

Deutsche MTM-Vereinigung e.V. (2003): Poka Yoke. URL: https://www.dmtm.com/forschung/projekte/pdf/Poka-Yoke.pdf (Zugriff: 11.07.08)

Dickmann, Philipp (2007): Schlanker Materialfluss mit Lean Production, Kanban und Innovationen. Berlin; Heidelberg; New York

Drew, John/ McCallum, Blair/ Roggenhofer, Stefan (2005): Unternehmen Lean. Schritte zu einer neuen Organisation. Frankfurt/Main

Eberenz, Mathias (2004): Das papierlose Büro. In: Hamburger Abendblatt, Ausgabe vom 21.08.04. URL: http://www.abendblatt.de/daten/2004/08/21/331811.html?s=2 (Zugriff: 15.07.08)

Gábor Sebestyén, Otto (1994): Management-„Geheimnis" KAIZEN. Der japanische Weg zur Innovation. Wien

Gienke, Helmuth/Kämpf, Rainer (2002): Wertstromdesign. URL: http://www.ebz-beratungszentrum.de/organisation/themen/wertstrom.htm (Zugriff: 05.07.08)

Glahn, Richard (2007): World Class Processes. Rendite steigern durch innovatives Verbesserungsmanagement. Ansbach

Hagford, Dave/ Dale, Ev/ Tonking, Lea A.P. (2007): Lean goes beyond the production floor. In: Lean Administration: Case studies in leadership and improvement. New York.

Heinzmann, Claudia/ Teuber, Stephan (2007): Office Management: Der Weg zur Office Excellence. URL: http://www.perspektive-mittelstand.de/Office_Management_Der_Weg_zur_Office_Excellence___Teil_1/management-wissen/1319.html (Zugriff: 12.08.08)

Heß, Martin (1997): TQM/Kaizen-Praxisbuch. Qualitätszirkel und verwandte Gruppen im Total Quality Management. 2. Auflage. Köln

Imai, Masaaki (1993): Kaizen. Der Schlüssel zum Erfolg der Japaner im Wettbewerb. 7. Auflage. Berlin; Frankfurt/Main.

Imai, Masaaki (1997): Gemba Kaizen. A commonsense, low-cost approach to management. New York

Jochum, Eduard (1999): Hoshin Kanri / Management by Policy (MbP). Frankfurt/Main. URL: www.frankfurt-school.de/dms/Arbeitsberichte/Arbeits14/Arbeits14.pdf (Zugriff: 24.07.08)

Kaiser, Corinna (2001): Schulung und Training von KAIZEN und 5S im Rahmen des Qualitätsverbesserungsprozesses bei Vaillant. In: Bieber, Klaus/ KAIZEN Institute (Hrsg.): Effizientes Office-Management mit KAIZEN. Landsberg/Lech

KAIZEN Institute (2006 a): Thema: One Point Lesson. URL: http://at.kaizen.com/uploads/tx_nppresscenter/KAIZEN_macht_SCHLAU_OPL_4549e5.pdf (Zugriff: 04.06.08)

KAIZEN Institute (2006 b): Thema: Prozessmapping. URL: http://de.kaizen.com/uploads/tx_nppresscenter/KAIZEN_macht_SCHLAU_02.pdf (Zugriff: 04.07.08)

KAIZEN Institute (2006 c): Thema: Problemlösungsstory. URL: http://de.kaizen.com/uploads/tx_nppresscenter/KAIZEN_macht_SCHLAU_PLS_02.pdf (Zugriff: 06.07.08)

KAIZEN Institute (2006 d): Thema: Audit. URL: http://ch.kaizen.com/uploads/tx_nppresscenter/KAIZEN_macht_SCHLAU_Audit_07.pdf (Zugriff: 23.07.08)

KAIZEN Institute (2006 e): Thema: Visuelles Management. URL: http://www.kaizen.de/uploads/tx_nppresscenter/KAIZEN_macht_SCHLAU_Visuelles_Management_01.pdf (Zugriff: 06.07.08)

KAIZEN Institute (2008):
KAIZEN macht schnell. Flexibilität am Arbeitsplatz: Die Qualifikationsmatrix -1.
URL: http://at.kaizen.com/uploads/tx_nppresscenter/KAIZENmachtSCHNELL01.pdf
(Zugriff: 16.07.08)

Kamiske, Gerd F./Brauer,Jörg-Peter (2008): Qualitätsmanagement von A bis Z. Erläuterungen moderner Begriffe des Qualitätsmanagements. 6., aktualisierte und ergänzte Auflage. München

Kämpf, Rainer/ Agboghoroma, Alero/ Gauggel Jessica (2006): Poka Yoke. URL: http://www.ebz-beratungszentrum.de/organisation/pokayoke.htm (Zugriff: 11.07.08)

Keyte, Beau/ Locher, Drew (2004): The Complete Lean Enterprise: Value Stream Mapping for Administrative and Office Processes. New York

Laqua, Ingo (2005): Lean Administration – mehr Effizienz für interne Prozesse. In: ZWF Zeitschrift für wirtschaftlichen Fabrikbetrieb Band 100 (2005), Heft 12, S. 738-742

Lareau, William (2003): Office Kaizen. Transforming office operations into a strategic competitive advantage. Milwaukee

Leikep, Sabine/ Bieber, Klaus (2004): Der Weg. Effizienz im Büro mit KAIZEN-Methoden. Norderstedt

Liker, J.K. / Meier, David (2006): The Toyota Way Fieldbook. A practical guide for implementing Toyota's 4P's. New York

Löffler, Benno (2007): Reise zum Lean Office hat begonnen. In: Der Betriebsleiter, Heft 04/2007. S. 2-3. Mainz. URL: http://www.v-und-s.de/doc/VS_Die_Reise_zum_Lean_Office_hat_begonnen.pdf (Zugriff: 22.07.08)

Lorenz, Dieter (2005): Arbeitsorganisation und Ergonomie im Büro der Zukunft. In: Sichere Arbeit. Ausgabe 05/2005, S. 14-18. URL: http://www.sicherearbeit.at/downloads/download_2341.pdf(Zugriff: 15.07.08)

Macils. Management-Centrum GmbH (2008 a): Office Excellence. Das Benchmarking- & Transferprojekt zur Steigerung der Büroeffizienz. Macils http://www.office-excellence.de/Aktuelle-Informationen.192.0.html (Zugriff: 22.07.08)

Macils. Management-Centrum GmbH (2008 b): Ihr Weg zu Office Excellence. Informationsbroschüre. http://www.macils.de/Das-Projekt.201.0.html (Zugriff: 22.07.08)

Mielke, Ulla/ Kirchberg, Bernd (2001): TOPEIS bei Langnese-Iglo in Heppenheim. In: Bieber, Klaus/ KAIZEN Institute (Hrsg.): Effizientes Office-Management mit KAIZEN. Landsberg/Lech

Mobilia-Witte, Jane/ Huls, Kristi (2007): Lean Office Events – Priceless Knowledge, Team Solutions. In: Lean Administration: Case studies in leadership and improvement. New York.

Möller, Georg (2006): Auch bei der EDV macht Lean Office nicht Halt. In: Wittenstein, Anna-Katharina/ Wesoly, Michael (Hrsg.). Lean Office Studie 2006. Stuttgart

Ohno, Taiichi (1993): Das Toyota-Produktions-System. Frankfurt Main.

RESOL GmbH (2008): Kaizen-Workshop-Agenda. Interne Dokumentation

Rodermond, Marco (2005): Lean Service: Zeitfresser identifizieren und eliminieren. In: www.lean-management-akademie.de/fileadmin/user_upload/downloads/Lean_Service-Zeitfresser_identifizieren.pdf (Zugriff: 10.06.08)

Schaudwet, Christian (2004): Messen, Zählen, Wiegen. In: Wirtschaftswoche Nr. 34 vom 12.08.2004, S.58-61

Schmelzer, H.J./ Sesselmann, W. (2003): Geschäftsprozessmanagement in der Praxis. 3. Auflage. München; Wien

Schneider, Ralph (2006): Lean Thinking erreicht die Büros. In: Wittenstein, Anna-Katharina/ Wesoly, Michael (Hrsg.). Lean Office Studie 2006. Stuttgart

Statistisches Bundesamt Deutschland (2008): Dienstleistungen, Finanzdienstleistungen. Strukturwandel in Deutschland. URL: http://www.destatis.de/jetspeed/portal/cms/Sites/destatis/Internet/DE/Content/Statistiken/DienstleistungenFinanzdienstleistungen/Aktuell,templateId=renderPrint.psml (Zugriff: 11.08.08)

Syska, Andreas (2006): Produktionsmanagement. Das A-Z wichtiger Methoden und Konzepte für die Produktion von heute. Wiesbaden

Taninecz, George (2006): Lean Beyond Production. In: www.lean.org/Lean_Beyond_Production.doc (Zugriff: 10.06.08)

Tapping, Don/ Shuker, Tom (2003): Value Stream Management for the Lean Office. Eight Steps to Planning, Mapping, and Sustaining Lean Improvements in Administrative Areas. New York

Teufel, Peter (2003): Der Prozess der ständigen Verbesserung (Kaizen) und dessen Einführung. In: Bullinger H.-J./ Warnecke, H.J./Westkämpfer, E. (Hrsg.): Neue Organisationsformen im Unternehmen. Ein Handbuch für das moderne Management. 2. Auflage. Berlin; Heidelberg; New York. S. 504-524

Tonkin, Lea A.P. (2007 a): Lean Office: Mapping your way to change. Learning to eliminate non-value-added activities in the office. In: Association for Manufacturing Excellence (Hrsg.). Lean Administration: Case studies in leadership and improvement. New York.

Tonkin, Lea A.P. (2007 b): Steelcase: Learning how to implement customer-focused, enterprise-wide lean. In: Lean Administration: Case studies in leadership and improvement. New York.

Wagner, Karl W. / Patzak, Gerold (2007): Performance Excellence. Der Praxisleitfaden zum effektiven Prozessmanagement. München

Wesoly, Michael (2006): Lean Office braucht Kennzahlen zur Erreichung der Perfektion. In: Wittenstein, Anna-Katharina/Wesoly, Michael (Hrsg.). Lean Office Studie 2006. Stuttgart

Wiegand, Bodo/ Franck, Philip (2006): Lean Administration I. So werden Geschäftsprozesse transparent. Die Analyse. 2. Auflage. Aachen

Wiegand, Bodo/ Nutz, Katja (2007): Lean Administration II. So managen Sie Geschäftsprozesse richtig. Schritt 2: Die Optimierung. Aachen

Wittenstein, Anna-Katharina (2003): Schlanke Produktion erreicht Büros. In: Interaktiv. Die Zeitschrift des Fraunhofer-Instituts für Produktionstechnik und Automatisierung IPA. Ausgabe 04/2003. Seite 10-12

Wittenstein, Anna-Katharina (2004): Wertstromdesign jetzt auch für administrative Abläufe. In: Interaktiv. Die Zeitschrift des Fraunhofer-Instituts für Produktionstechnik und Automatisierung IPA. Ausgabe 02/2004, S. 10-11

Wittenstein, Anna-Katharina (2006 a): Wie schlank sind unsere Prozesse wirklich? In: Wittenstein, Anna-Katharina/ Wesoly, Michael (Hrsg.). Lean Office Studie 2006. Stuttgart

Wittenstein, Anna-Katharina (2006 b): Einsatz zahlt sich aus – „Schlank" wird ein Prozess nicht von alleine. In: Wittenstein, Anna-Katharina/ Wesoly, Michael (Hrsg.). Lean Office Studie 2006. Stuttgart

Womack, J.P.; Jones, D.T. (2004): Lean Thinking. Ballast abwerfen, Unternehmensgewinne steigern. Frankfurt

Zeyer, Ulrich (1996): Implementierungsmanagement. Ein konzeptioneller Ansatz am Beispiel der Implementierung von Lean Management. München/ Mering

Zinser, Stephan (2002): Flexibilität in Organisation, Raum und Infrastruktur. Teil 1: Das Büro der Zukunft. Symposion Publishing GmbH. URL: http://www.flexible-unternehmen.de/kl0902_01.htm (Zugriff: 15.07.08)

Interviews

Benai, Manuela. Geschäftsführerin SPS Management Consultants Deutschland GmbH. Persönliches Interview vom 03.03.08. Anschrift: Bongardstraße 17, 44787 Bochum

Glacza, Sebastian. Kaizen-Beauftragter der RESOL GmbH. Persönliches Interview vom 25.07.08. Anschrift: Heiskampstraße 10, 45527 Hattingen

Herr Hübinger. Kaizen-Beauftragter bei der Toyota Kreditbank GmbH. Telefoninterview vom 13.08.08. Anschrift: Toyota-Allee 5, 50858 Köln

Königsmann, Joachim. Betriebsleiter der RESOL GmbH. Persönliches Interview vom 25.07.08. Anschrift: Heiskampstraße 10, 45527 Hattingen

Menzel, Deborah. Kaizen-Beauftragte der Mann + Hummel GmbH. Telefoninterview vom 20.06.08. Anschrift: Hindenburgstraße 45, 71638 Ludwigsburg

Wada, Masuyuki. Unternehmensberater der SPS Management Consultants GmbH. Persönliches Interview vom 11.04.2008. Anschrift: Bongardstraße 17, 44787 Bochum

Isabel Pfeil, Jahrgang 1985, hat Internationale Betriebswirtschaftslehre an der Fachhochschule Dortmund sowie der Ecole de Commerce La Rochelle (Frankreich) studiert.

Sie hat sich im Rahmen ihrer Diplomarbeit mit dem Thema KAIZEN in Bürobereichen beschäftigt. Nach Beendigung ihres Studiums startet Isabel Pfeil im internationalen Vertrieb eines Industrieunternehmens ins Berufsleben.